우주가 정말
하나뿐일까?

대우휴먼사이언스 009

우주가 정말 하나뿐일까?

최신 **우주론** 입문

무라야마 히토시 지음

김소연 옮김 | **박성찬** 감수

아카넷

추천의 글

몇 년 전 '유럽 스위스 제네바 근교의 거대강입자가속기LHC 실험
이 미니 블랙홀을 만들게 되면 지구가 위험해진다'는 주장이 뉴
스와 신문에 소개되어 떠들썩 했을 즈음에, 저는 미니 블랙홀의
수명이 대단히 짧아서 1초의 1조 분의 1의 1조분의 1보다 짧다는
것을 정밀하게 계산하는 방법을 연구하고 있었습니다. 이론물리
학의 계산에 따르면, 여분의 차원이 존재할 경우 중력이 생각보
다 훨씬 강한 힘이 될 수 있는데, 그 경우 블랙홀을 입자가속기에
서 인류가 직접 만들 수 있다는 흥미진진한 가능성이 열리게 됩
니다. 이 놀라운 가능성에 대해 유럽입자물리연구소CERN의 LHC
가속기에서, 또 이 책에서도 소개하고 있는 차세대 선형가속기
와 100 TeV의 충돌 에너지를 목표로 제안되고 있는 미래의 가속

기에서도 연구가 될 예정입니다.

무라야마 히토시는 이 놀라운 미니 블랙홀 물리학을 포함하여 우주에 대한 물리학 연구의 최근의 성과를 친절한 비유와 설명을 통해 소개하고 있습니다. 특히 최신의 실험과 관측 결과는 물론이고 여분 차원 이론과 초끈이론 그리고 인류원리와 다원 우주 등 이론적으로 논의되고 있는 물리학의 새로운 소식까지 과학적으로 정확하고, 권위 있으면서도 쉽게 읽히는 특유의 명쾌한 스타일로 잘 풀어내고 있습니다. 우리 우주에 대해 과학자들이 알아낸 흥미로운 소식을 접하고 싶은 분들께 강력하게 추천하고 싶습니다.

우주가 팽창하고 있다는 사실은 이미 오래전에 알려졌지만, 그 팽창률이 점점 커져 가속적으로 팽창하고 있다는 사실은 불과 10여 년 전에 밝혀졌습니다. 이 가속 팽창은 우주에서 암흑에너지가 차지하고 있는 부분이 상당하다는 것을 말해줍니다. 암흑에너지뿐만 아니라 암흑물질도 존재하며 우리가 이미 알고 있는 원자로 이루어진 물질보다 훨씬 더 큰 부분을 차지하고 있다는 것도 알게 되었습니다. 마치 꼬리에 꼬리를 물듯 발견은 새로운 발견의 토대가 되고, 또 새로운 발견은 더 큰 의문을 불러일으켜 우리의 지식의 지평선이 넓어지는 것을 목격합니다. 코페르니쿠스가 지구가 우주의 중심이 아니라는 것을 알아내어 인류

지성사에 커다란 전환점을 만들어 낸 사건처럼, 지금 물질의 중심이 우리가 잘 알고 있던 원자가 아니라 새로운 성분이라는 것이 밝혀지고 있답니다.

최근 미국의 라이고LIGO 실험을 통해 13억 광년 떨어진 곳에서 만들어진 중력파가 지구의 검출 장치에 의해 검출되는 놀라운 소식을 접했습니다. 중력파를 예측한 아인슈타인의 연구가 1915년이었던 것을 생각하면 100년이 걸려 이를 확인하게 된 것인데, 이 책에 소개된 흥미로운 발견들이 끝이 아니라 더 새로운 발견으로 이어지고 있습니다. 저자 무라야마의 표현처럼 "연주자가 될 건지, 팬이 될 건지, 어느 쪽이 됐든 이 책이 한 명이라도 많은 이의 마음을 설레게 하면 좋겠습니다."

2016년 5월

박성찬

시작하며

우주라는 단어를 들으면 당신은 어떤 생각이 떠오릅니까? 먼저 아름다운 별, 아름다운 은하가 떠오르겠죠? 우리는 이런 별이나 은하를 우주라고 생각해 왔습니다. 그런데 2003년, 그런 관념을 완전히 뒤집는 사건이 생겼습니다.

관측 결과, 우주 전체의 에너지가 어떤 모습을 하고 있는지 밝혀졌기 때문입니다. 결과에 따르면 별과 은하, 그 형태를 만드는 모든 원소의 에너지는 우주 전체의 4.4%밖에 되지 않습니다. 눈에 보이는 별이나 은하는 전체 우주의 한 줌 정도에 불과하고 나머지는 전혀 눈에 보이지 않는 존재였던 것입니다.

우리는 학교에서 만물은 원자로 이루어져 있다고 배웠습니다. 하지만 그 원자는 우주 전체의 5%도 되지 않습니다. 그렇다면 대체 나머지인 약 96%는 무엇일까요? 바로 23% 정도는 암흑물질이며 73% 정도는 암흑에너지입니다. 이 모두를 더하면 오차 범위 내에서 정확히 100%가 됩니다. 암흑물질도 암흑에너지도 각각 이름은 있지만 그 정체는 아직 밝혀지지 않았습니다.

즉 우주의 거의 전부에 대해 우리는 잘 모르고 있습니다. 그리고 우리가 우주에 대해 잘 모른다는 사실이 분명해진 것은 2003년 이후입니다. 우리는 우주에 대해 잘 알고 있다고 생각해왔지만 사실은 잘 알지 못했던 것입니다. 마치 코페르니쿠스적 발상의 전환처럼, 지구가 우주의 중심이라는 천동설을 철썩 같이 믿어왔는데 사실은 지구가 아니라 태양이 우주의 중심임을 알게된 것과 맞먹는 충격이었습니다. 지금까지 우리는 원자가 만드는 우주가, 우주의 전부라고 생각해왔는데 그것이 착각이었음이 최근에서야 밝혀진 것입니다.

지금, 우주 연구 현장에서는 암흑물질의 정체를 파악하기 일보 직전까지 왔습니다. 암흑물질이 없다면 지구도 태양도 별도 은하도 없었을 겁니다. 우리는 암흑물질 덕분에 탄생했다고 해도 과언이 아닙니다. 그런데 그 정체에 대해서는 아직 아는 바가 없군요. 다행히 2010년에 본격적으로 가동을 시작한 LHC 실험, 일본의 가미오카神岡 광산 1킬로미터 깊이 지하에서 시작되는 XMASS 실험 등 몇 년 전부터는 무척이나 기대되는 연구가 진행

우주가 정말 하나뿐일까?

중입니다. 암흑물질의 정체가 10년 안에 조금씩 밝혀지리라는 것도 허황된 꿈은 아닐 겁니다. 지금 화제가 되고 있는 것은 암흑물질이 다른 차원에서 온 사자使者일 수도 있다는 가능성입니다. 마치 공상과학 소설 같지만 이것은 바로 현재 진지하게 논의되고 있는 물리학의 최신 이론, 즉 다차원 우주론입니다.

한편, 암흑에너지는 반대로 어렵게 생성된 우주의 대규모 구조를 산산이 흩어놓으려 합니다. 그 정체는 더 불분명한데 일본의 스미레 계획 등을 통해 서서히 밝혀지리라 생각합니다. 지금 가장 유력한 후보는 '진공 상태의 에너지'입니다. 어떻게 진공 상태가 에너지를 가질 수 있을까요? 이는 마이크로 세계를 뒷받침하는 양자역학의 예언입니다. 하지만 계산해보면 필요량의 10^{120}배나 됩니다. 그렇다면 우주는 탄생 후 곧장 산산이 찢어져 별도 은하도 생성될 시간이 없습니다. 그래서 나온 생각이 우주는 더 많이, 어쩌면 10^{500}개나 되는 우주가 존재할지도 모른다는 다원 우주론입니다. 수많은 우주 가운데 '우연히' 진공 상태의 에너지가 충분히 작은 우주가 극소수 존재했고, 우리 우주는 그 가운데 하나라는 것입니다.

이 책에서는 우주 창조의 열쇠를 쥐고 있는 암흑물질과 암흑에너지, 그리고 우주는 도대체 어떤 형태인지를 중심으로 이야기하도록 하겠습니다. 우리는 이 우주에 대해 무엇을 알고, 무엇

을 모르는 걸까요? 최신 화제가 되고 있는 이야기도 소개하면서
우주란 무엇인가를 함께 생각해 보고자 합니다.

차례

1

우리가 알고 있는 우주

우리는 이 우주에 대해 얼마나 알고 있을까요? 먼저, 우리가 이 우주에 대해 알고 있는 것들을 정리하고 거기서부터 자세히 이야기해 나갑시다.

태양계는 우주의 일부

밤, 하늘을 올려다보면 달과 별이 보입니다. 우리가 우주에 대해 갖고 있는 이미지는 아름다운 별밤 같은 것이겠죠. 별 총총한 밤하늘을 보고 있으면 누구든 우주는 언제 생겼을까, 왜 우리가 존재하는 걸까 같은 의문이 들 것입니다. 어쩌면 이런 의문은 철학적으로 들릴지도 모릅니다. 하지만 최근 이런 의문에 과학이 접근하게 되었습니다.

우리가 알고 있는 우주

우리는 지구 위에서 생활하고 있고 지구는 태양의 주위를 맴돌고 있습니다. 우리는 몇 백 년 전까지만 해도 이런 사실조차 몰랐습니다. 우주의 중심은 지구라고 믿어왔습니다. 코페르니쿠스나 갈릴레이가 "그게 아니라 지구가 태양의 주위를 돌고 있다"며 지동설을 주장해도 이를 믿는 사람은 거의 없었습니다.

인간이 지동설을 믿게 된 것은 17세기가 되어서입니다. 뉴턴이 체계적으로 역학을 정리하여 태양계 천체의 움직임을 설명할 수 있는 법칙을 기술하면서 비로소 우리는 지구가 태양의 주위를 돌고 있음을 이해하게 된 것입니다.

그리고 태양을 중심으로 한 천체를 통틀어 태양계라고 부르게 되었습니다. 그리고 한동안은 태양이 우주의 중심이라고 생각했습니다. 우리는 태양계가 대단히 크다고 느끼지만 우주 전체로 보면 무척 범위가 좁습니다. 태양계보다도 우주가 더 넓게 펼쳐져 있다는 걸 안 것은 1840년 무렵부터입니다. 이때부터 밤하늘을 수놓는 별들의 거리를 알 수 있게 되었습니다.

예를 들어 독일의 천문학자인 프리드리히 베셀은 백조자리 61번 별까지의 거리를 측정하는 데 성공했습니다. 거리는 지구에서 11.2광년이었습니다. 바로 몇 년 전까지 태양계 행성 중 하나였으며 태양으로부터 가장 먼 곳에 위치한 명왕성조차 약 59억 킬로미터밖에 되지 않습니다. 1광년은 빛이 1년 동안 진행하는 거

20

리인데, 약 9조 4,600억 킬로미터이므로 분명히 태양계 바깥에 위치합니다. 그리고 연구가 진행됨에 따라 태양은 별들처럼 항성의 일종이라는 것과 많은 항성이 모여 은하를 만든다는 것도 알게 되었습니다. 우리가 살고 있는 은하는 은하계라고 불립니다.

어쩌다가 지구가 태양 가까이에서 탄생했고 우리는 태양의 혜택을 받으며 살고 있으므로 태양을 특별한 존재로 여기지만, 물리학적으로 보면 태양은 특별한 존재가 아니며 수많은 항성 가운데 하나에 불과한 것입니다. 게다가 태양계는 은하수의 중심으로부터 멀리 떨어진 곳에 있었습니다. 태양이 우주의 중심이라는 인식은 점차 깨지고 대신 그 자리에 은하수 변두리에 위치한 항성 중 하나라는 인식이 자리 잡게 되었습니다.

그렇다면 은하수의 중심이 이 우주의 중심인 걸까요? 정답은 노No입니다. 사실 은하수 밖에도 수많은 천체가 존재하고 다른 은하가 있습니다. 많은 은하가 모여 은하단이라는 그룹을 만든다는 사실도 밝혀졌습니다. 또한 은하단은 매우 신기한 형태로 모여 있습니다. 어느 지점에는 밀집되어 있는가 하면 어느 지점에는 은하가 하나도 없는 공백 지대가 있습니다. 마치 여러 개의 비눗방울이 딱 붙어 있는 것 같은 구조입니다. 이런 구조를 우주의 대규모 구조라고 하는데, 왜 이런 구조가 만들어졌는지 참 신기할 따름입니다.

그 수수께끼를 풀기 위해서라도 세계 곳곳에서는 먼 우주를 보려 하고 있습니다. 우주는 멀리 가면 갈수록 과거의 모습을 보여줍니다. 별이나 은하뿐만 아니라 빅뱅까지도 볼 수 있지 않을까 기대되고 있습니다. 우리는 아직 빅뱅 자체를 볼 수는 없지만, 이 우주에 떠도는 '빅뱅 이후 남은 빛'을 관측하는 데는 성공했습니다. 관측 결과 알게 된 것이 「시작하며」에서 언급한 별과 은하 등 원자로 이루어진 물질은 우주 전체의 5%에도 미치지 않는다는 사실입니다. 나머지는 약 23%가 암흑물질, 약 73%는 암흑에너지라는 것 외에 알려진 게 없습니다. 암흑물질의 정체를 규명하기 위한 연구는 전 세계적으로 추진되고 있고, 10년 이내에는 밝혀질 것으로 기대하고 있습니다.

자세히 본 태양계

당연한 말이지만 태양계는 우리와 무척이나 친숙한 곳입니다. 인간은 아주 옛날부터 우주를 올려다보며 살아왔는데 1957년 10월 4일, 소련지금의 러시아이 스푸트니크 1호 발사에 성공한 이후 우주로 인공위성이나 탐사기 등을 쏘아 올리게 되었습니다. 첫 발사에서 지금까지 6,000개가 넘는 위성과 탐사기가 발사되어 지금은 정말 많은 인공물이 지구 주변을 맴돌고 있습니다.

그동안 인공물뿐만 아니라 사람도 많이 우주로 날아갔습니다.

우주가 정말 하나뿐일까?

인류 최초의 우주 비행사는 말할 필요도 없이 소련의 유명한 우주비행사 유리 가가린입니다. 그는 1961년 4월 12일에 우주로 날아가 "지구는 푸른빛이다"라는 명언을 남겼습니다. 그 후 약 50년 동안 500명 이상이 우주로 향했습니다. 지구의 인구가 70억이 넘기 때문에 500명은 비율로 따지면 상당히 적은 수입니다. 수적으로는 아직 한참 멀지도 모르지만 지구인들이 우주로 향하기 위한 준비는 착실히 진행되고 있습니다. 국제우주정거장이 만들어져, 여러 명이라도 항상 누군가가 체재할 수 있는 환경도 마련되었습니다. 우주 관련 지식과 기술이 축적되면 우주로 가는 길도 더 가까워지겠지요.

현재 국제우주정거장까지는 러시아의 소유스 호로 약 24시간, 미국의 스페이스 셔틀로 약 45시간이 걸립니다. 우주에 가는 것은 무척이나 힘든 일이므로 대단히 멀리 가는 듯한 기분이 듭니다. 하지만 국제우주정거장은 지구에서 약 400킬로미터밖에 떨어져 있지 않습니다. 지구의 지름이 약 1만 3,000킬로미터이므로 지구의 지름에 비하면 아주 짧은 거리죠. 지구가 복숭아라면 국제우주 정거장까지의 거리는 복숭아 껍질의 두께 정도랄까요. 즉 우주에서 보면 거의 제자리걸음 수준입니다.

다만, 지금으로부터 40년 정도 전에 인간은 조금 더 먼 달까지 간 적이 있었습니다. 바로 미국의 아폴로 계획입니다. 2007년 9월에 발사된 일본의 달 탐사선 '가구야'는 2년 가까이 달 상공을 돌며 달을 촬영하고 다양한 관측을 했습니다. 필자가 감격한 것들 가운데 우주 공간에 오도카니 떠 있는 지구 영상이 있는데, 달에서 바라본 아름다운 지구를 고화질로 촬영한 것입니다. 달은 지구에서 가장 가까운 천체입니다. 그래도 거리는 38만 킬로미터나 떨어져 있고, 빛의 속도로 가도 1.3초가 걸립니다.

달 다음으로 가까운 것은 역시 행성인 금성이지만 스스로 빛을 내는 항성 중에서는 태양이 가장 가깝습니다. 지구에서 태양까지의 거리는 약 1억 5,000만 킬로미터나 됩니다. 이렇게 멀리 떨어져 있으면 킬로미터로 표현해도 감이 잡히지 않고 숫자도 커집니다. 그래서 우주에서는 거리를 나타낼 때, 빛의 속도로 도달할 수 있는 시간을 사용합니다. 지구에서 태양까지는 빛의 속도로 8.3분이 걸립니다. 즉 우리가 보고 있는 태양의 빛은 항상 8.3분 전의 빛인 것입니다. 그러니까 만약 이 순간 어떤 이유로 인해 태양이 사라진다 해도 우리는 8분 동안은 그 사실을 알아채지 못합니다. 8분 후에 '앗!'하고 놀라겠죠. 그만큼 멀다는 얘기입니다. 태양의 주변은 여덟 개의 행성이 주위를 돌며 태양계를 형성합니다. 행성 사이에 있는 소행성이라 불리는 작은 천체도 많이 발견했습니다. 2005년에 일본의 소행성 탐사선인 '하야부사'가 지구와 화성 사이에 있는 이토카와 소행성에 도착했습니다. 이토카와는 지구로부터 약 3억 2,000만 킬로미터 떨어진 궤도를 돌고 있는데, 빛의 속도로 18분 가까이 걸리는 거리입니다.

여담이지만 얘기를 듣자 하니, 이 '하야부사'는 그야말로 피와 눈물의 항해였더군요. 하야부사에는 원래 추진 역할을 하는 이온 엔진과 자세를 제어하기 위한 화학 엔진이 장착되어 있는데 화학 엔진이 그만 고장 나고 말았습니다. 때문에 자세 제어를 위해, 이온 엔진에 사용하던 제논 가스를 연료로 쓰면서 너덜너덜해진 동체로 간신히 귀환했다고 합니다.

자, 다시 태양계 얘기로 돌아가 볼까요? 필자가 어렸을 적에는 가장 먼 행성은 명왕성이었는데, 2006년 8월에 행성에서 준행성으로 격하되고 말았기 때문에 지금은 해왕성이 태양계에서 가장 먼 행성이 되었습니다. 태양에서 해왕성까지는 약 45억 킬로미터, 빛의 속도로는 4시간이 걸립니다. 1977년에 발사된 행성 탐사기 보이저 1호와 2호는 천왕성, 해왕성을 지나 태양계 바깥 세상을 향해 순조롭게 여행 중인데, 해왕성 정도에 이르면 지구에서 신호를 보내도 4시간 후에야 도달합니다. 그리고 그 신호를 받은 다음에 대답을 하니 적어도 8시간이 지나야 보이저의 목소리를 들을 수 있다는 얘기입니다. 이제 거리에 대한 감각이 좀 생겼나요?

생각보다 빠른 공전 속도

태양계에 있는 행성들은 모두 태양의 주위를 돕니다. 그런데 그 속도에 대해서는 그다지 알려지지 않았습니다. 지구를 예로 들어 봅시다. 지구는 초속 30킬로미터로 태양의 주위를 돌고 있는데, 초속 30킬로미터라는 건 대단한 속도입니다.

이렇게 대단한 속도로 도는 지구가 어째서 튕겨나가지 않는 걸까요? 물론 태양이 중력으로 잡아당기고 있기 때문입니다. 끈의 한쪽 끝에 공이나 돌을 매달고 마치 카우보이처럼 빙글빙글 돌려도 공은 같은 장소를 맴돌 뿐 튕겨나가지는 않습니다. 끈이 온 힘을 다해 잡아당기고 있기 때문이죠. 마찬가지로 지구는 태양의 중력의 영향을 받기 때문에 초속 30킬로미터로 움직여도 튕겨나가지 않는 것입니다.

태양의 중력의 영향으로 행성 하나하나가 얼마만큼의 속도로 움직이는가, 그리고 얼마나 멀리 있는가, 그 관계를 비교해 보면 수성처럼 태양 가까이에 있는 행성은 속도가 빠르고, 멀어질수록 속도가 느려집니다.

예를 들어 피겨스케이트에서 스핀을 했을 때, 손을 몸 앞쪽에 밀착하면 회전 속도가 빨라지지만 벌리면 천천히 돌게 됩니다. 마찬가지로 가까운 곳에 있는 행성은 빨리 돌고 멀리 있는 행성은 천천히 도는 것입니다.

26

태양에 가장 가까운 수성은 지구보다 속도가 빨라 초속 50킬로미터 정도로 돌고 있습니다. 이제 더 이상 행성은 아니지만 명왕성은 초속 5킬로미터로 상당히 느린 편이죠. 그리고 행성의 거리와 속도의 관계를 나타낸 것이 그 유명한 케플러의 법칙입니다. 식은 다음과 같습니다.

$$V \propto \frac{1}{\sqrt{r}}$$

(V : 행성의 공전 속도, r : 행성에서 태양까지의 평균 거리)

이 법칙에 따르면 거리가 네 배가 되면 속도가 반으로 줄고, 거리가 아홉 배가 되면 속도는 3분의 1이 됩니다. 속도는 거리의 제곱근에 반비례하기 때문입니다. 태양의 중력에 이끌려 공전하는 속도는 태양에서 멀어지면 멀어질수록 점점 느려집니다. 이것이 태양계에 속한 행성들의 움직임입니다.

별은 무엇으로 만들어져 있을까?

태양계 내에서 항성은 태양 하나뿐입니다. 태양 다음으로 큰 항성은 어디에 있느냐 하면 광속으로 4.2년이나 걸리는 곳에 있습니다. 켄타우루스자리에 있는 프록시마별이 바로 그것인데, 태

우리가 알고 있는 우주

양계와는 비교도 되지 않을 정도로 먼 곳에 있습니다. 조금 전에도 얘기가 나왔던 보이저는 이제 태양계의 행성들보다 더 먼 곳에 가 있습니다. 그것도 초속 10킬로미터라는 속도로 말이죠. 이 보이저가 프록시마켄타우리와 같은 거리까지 도달하려면 초속 10킬로미터로 이동해도 10만 년 이상이 걸립니다. 즉 태양계로부터 가장 가까운 항성에 가는 일은 지금의 기술로는 무리인 것입니다. 이런 곳에는 가 본 사람도 없거니와 샘플을 채취한 사람도 없습니다. 하지만 이런 별이 무엇으로 이루어져 있는지는 규명되어 있습니다. 20세기 초의 천문학자와 물리학자들이 열심히 연구해 준 덕에 지금 우리는 평생을 가도 도달할 수 없는 곳에 있는 별이 무엇으로 이루어져 있는지 알 수 있는 것입니다.

그렇다면 그들은 어떻게 별의 성분을 알아낼 수 있었을까요? 그 답은 바로 빛입니다. 별에서 나오는 빛을 분석해 별의 성분을 알아낸 것입니다. 태양이 내뿜는 빛은 하얗게 보이지만 프리즘이라는 도구를 사용하면 빨강에서 보라까지 다양한 색으로 나눌 수 있습니다.

일반적인 프리즘은 정밀도가 좋지 않아 확인하기 어렵지만, 아주 정밀한 기계를 이용하면 색을 나눴을 때 색뿐만 아니라 검은 선을 볼 수 있습니다. 이 검은 선은 색이 결여된 부분입니다. 색은 빨강에서 보라까지 끊이지 않고 연결되어 있는 줄 알았는

우주가 정말 하나뿐일까?

데, 중간중간 끊긴 부분이 있다는 사실을 알게 되었습니다. 당연히 이게 뭘까 궁금했겠죠. 좀 더 줌인해서 보니 이런 검은 선은 훨씬 더 많았습니다. 그리고 이 선의 수수께끼를 풀다 보니 별의 성분을 알 수 있게 되었다는 얘기입니다.

이 선은 실험실에서도 만들 수 있었습니다. 물질은 고체, 액체, 기체 등 세 가지 상태를 취합니다. 이를 물질의 삼태三態라고 하는데, 온도가 높은 곳에서는 어떤 물질도 기체가스가 됩니다. 그리고 빛이 이 가스를 통과하면 빛의 일부가 흡수되고 맙니다. 그리고 흡수되었다는 증거로 그 부분이 검은 선으로 남는 것입니다. 이 검은 선은 원소의 종류에 따라 나타나는 지점이 다릅니다. 바꿔 말하면 이 선은 개개의 원소가 "나는 ○○입니다"라고 자기소개를 하고 있는 셈이죠.

어떤 원소가 어떤 색을 흡수하는지가 확실히 정해져 있습니다. 그러므로 태양에서 나오는 빛을 정확히 색깔별로 구분하면 특정 지점에 검은 선이 나타나 태양에는 어떤 원소가 얼마만큼 있는지 알 수 있습니다.

예를 들어 원소별로 색이 정해져 있는데, 그중에서도 나트륨이 유명합니다. 터널에 들어가면 종종 노란색 램프가 켜 있는데 이것이 바로 나트륨 램프입니다. 피부에 닿으면 색이 살짝 기분 나쁘게 느껴지는 사람도 있다고 하는데, 그건 정말 나트륨이 방출하는 특별한 색입니다. 그러므로 그 색이 태양에서 오는 빛에서 검게 결여되어 있으면 '아, 태양에 이만큼의 나트륨이 있구나' 하고 확실히 알 수 있습니다. 이런 식으로 개개의 원소는 특정 색에 정확히 대응합니다.

태양에서 나오는 빛뿐 아니라 다른 항성에서 나오는 빛도 색을 분석해 결여된 색을 조사함으로써 그 별에 어떤 원소가 얼마만큼 존재하는지 알 수 있는 것입니다. 이처럼 우리는 직접 그 별에 가보지 않아도 지구에서 멀리 떨어진 곳에 있는 별이 무엇으로 이루어져 있는지 알 수 있습니다.

이렇게 말하면 별의 빛으로는 표면만 알 수 있는 게 아니냐고 생각하는 사람이 있을지도 모르겠습니다. 실제로 태양을 봤을 때, 빨갛고 노랗게 보이는 것은 태양의 표면 부분입니다. 태양의 표면 온도는 약 6,000℃로 굉장히 뜨거운데, 내부로 들어가면 밀도가 더 높아져 한층 더 뜨겁습니다. 태양의 경우 중심 부분은 1,500만℃에 달합니다.

'그런 곳은 무엇으로 만들어져 있을까?'

'샘플은 절대로 채취할 수 없을 텐데 정말 원자로 이루어져 있다는 걸 어떻게 알 수 있나?'

이런 의문이 드는 것도 당연합니다. 하지만 지금은 이론과 관측 기술의 발달로 항성의 중심부까지도 무엇으로 이루어져 있는지 알 수 있게 되었습니다.

중성미자의 선물

그 계기가 된 것이 초신성 폭발입니다. 초신성 폭발이란 별이 생애를 마치며 대폭발하는 현상을 말합니다. 대폭발을 할 때는 거대한 양의 빛을 방출하는데 그 잔해는 지금도 우주에 남아 있어 망원경으로 관찰할 수 있습니다.

초신성이 폭발할 때 방출되는 빛은 은하계에 있는 모든 별을 합한 것보다 밝습니다. 초신성 폭발이 일어날 때는 빛과 함께 다량의 중성미자neutrino도 함께 방출됩니다. 사실 초신성 폭발에서는 중성미자가 먼저 방출되고 그 다음에 빛이 방출됩니다. 게다가 중성미자의 에너지는 빛 에너지의 100배나 됩니다. 초신성 폭발에서는 그만큼 많은 중성미자가 방출되는 것이죠. 중성미자는 유령 같은 입자여서 좀처럼 정체를 알 수 없었으나 고시바 마사토시小柴昌俊 박사가 가미오칸데라는 장치를 이용해 검출에 성공했습니다. 그리고 그 공적을 인정받아 노벨 물리학상을 수상했습니다. 고시바 연구팀 중에서는 필자의 동료인 나카하타 마사유키中畑雅行 교수가 현장에서 최초로 발견했다고 합니다.

중성미자는 간헐적으로 어쩌다가 발견되지만, 초신성 폭발이 일어난 순간 엄청난 양이 방출됩니다. 중성미자는 보통의 원자와 원자가 반응할 때 발생하는 물질입니다. 초신성이 폭발할 때 발생하는 중성미자는 별의 중심부에서 일어나는 반응이므로 어떤 반응으로 인해 중성미자가 발생했는지 밝혀지면 별의 중심부도 분명 원자로 이루어져 있음을 알 수 있는 것입니다.

고시바 교수가 중성미자를 검출했을 때 이용한 것은 가미오칸데라는 장치입니다. 지금은 가미오칸데보다 더 큰 슈퍼 가미오칸데가 활약하고 있습니다. 이 슈퍼 가미오칸데는 5만 톤의 물을 저장할 수 있는 대형 탱크처럼 생겼는데 높이가 약 40미터에 이릅니다. 12층 빌딩과 맞먹는 높이죠. 그 빌딩 같은 탱크 내부에는 커다란 수은등처럼 생긴 것들이 셀 수도 없을 만큼 붙어 있습니다. 이를 광전자증배관이라 하는데, 빛을 방출하는 장치가 아니라 빛을 검출하는 장치입니다.

앞에서 중성미자는 있는지 없는지 알 수 없는 유령 같은 입자라고 했습니다. 중성미자는 물체가 가로막고 있어도 대부분 통과하기 때문에 중성미자의 존재를 예언한 물리학자인 파울리조차 실제로 검출하기는 어렵다고 예언했을 정도입니다. 하지만 붐비는 인파를 뚫고 지나가려면 주변 사람과 부딪히기 마련이듯 중성미자라도 많은 원자나 분자가 있는 장소를 통과하려면 조금은 주변의 원자나 분자와 부딪힌다는 사실을 알게 되었습니다. 광전자증배관은 중성미자가 물 분자와 충돌했을 때 방출하는 작은 빛을 포착하기 위한 장치입니다.

이 광전자증배관의 유리면에 빛이 닿으면 거기서 전자가 튀어나오는데, 그 전자를 증폭시켜 신호로 바꾸는 장치입니다. 슈퍼가미오칸데에는 이 광전자증배관이 1만 개 이상이나 있는데 중성미자가 물 분자에 닿았을 때의 빛을 검출할 수 있도록 잠복하고 있습니다. 중성미자라는 아주 작은 입자를, 그것도 고작 흔적을 검출하는 데 5만 톤의 물을 저장할 수 있는 거대한 장치가 필요한 것입니다.

중성미자 관측의 어려움

슈퍼 가미오칸데는 실험을 하기 위해 탱크 안에 물을 채우는데 그 작업만 해도 보통 일이 아닙니다. 한꺼번에 쏟아 부으면 광전자증배관이 깨져버리기 때문에 조금씩 천천히 넣어야 합니다. 물을 채우는 작업만도 수개월이 걸립니다. 뿐만 아니라 물을 넣은 과정에서도 탱크 내부를 청결하게 유지해야 합니다. 중성미자의 반응은 눈에 잘 띄지 않기 때문에 연구자들은 반응 신호를 놓치는 걸 원치 않습니다. 그래서 잡음이 되는 방해물은 가능한 한 제거하려 합니다. 잡음이 있으면 중성미자가 왔을 때 생기는 신호인지 잡음으로 인한 것인지 확실하지 않습니다. 수중에는 미량의 우라늄이나 토륨이 섞여 있는데 1그램의 물속에 1조 분

우리가 알고 있는 우주

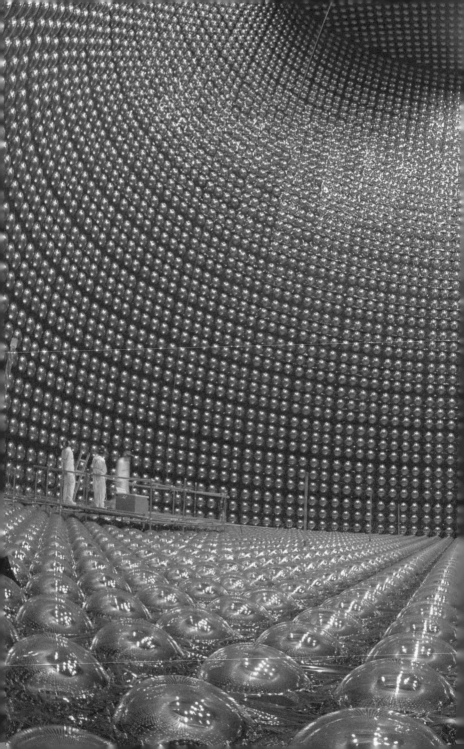

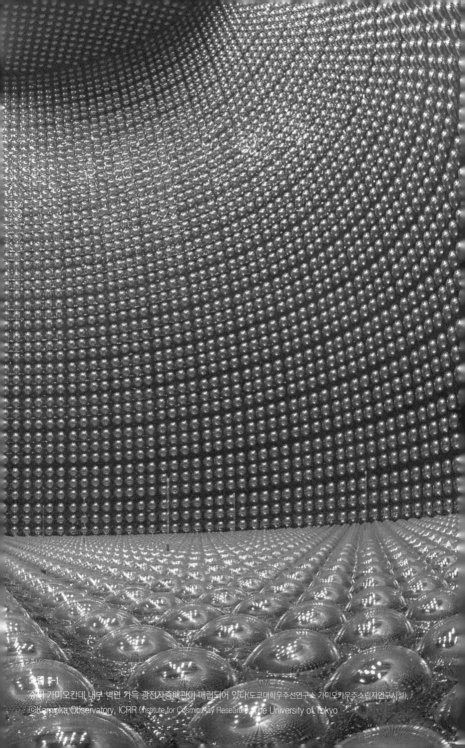

의 1그램 정도밖에 없을 정도로 깨끗하게 유지해야 합니다.

가미오칸데를 처음 가동했을 무렵에는 물을 정화하는 방법을 잘 몰라 상당히 고생했다는 얘기를 들었습니다. 우리는 그다지 의식하지 못하고 살지만 물속에는 수많은 박테리아가 서식합니다. 그 박테리아 중에는 빛을 발하는 것도 있기 때문에 중성미자를 검출할 때 잡음이 됩니다. 그래서 박테리아를 하나하나 제거해 물을 깨끗하게 만들었다고 합니다. 지금은 물을 깨끗하게 하는 장치도 개발되었지만 초창기에는 이루 헤아릴 수 없을 정도로 고생을 했습니다. 그 고생이 결실을 맺어 중성미자 관측에 성공함으로써 가미오칸데와 슈퍼 가미오칸데는 세계적으로 유명한 장치가 되었습니다.

별의 내부는 어떻게 생겼을까?

이 슈퍼 가미오칸데가 오로지 초신성 폭발로 인한 중성미자를 검출하기 위한 장치인 것만은 아닙니다. 태양을 볼 수도 있습니다. 이렇게 말하고 보니 태양을 보는 게 아주 쉬운 일처럼 들릴 수도 있겠군요. 하지만 슈퍼 가미오칸데는 일반적으로 그렇듯 빛으로 태양을 보는 게 아닙니다. 슈퍼 가미오칸데의 탱크는 지하 1킬로미터 깊이에 있기 때문에 거기까지 빛이 도달하지는 못합니다. 그렇다면 무엇으로 보는 걸까요? 이 역시 중성미자로 봅니다. 중성미자는 물질에 부딪혀도 그냥 통과해 버리기 때문에 아무리 깊은 곳에 있어도 도달할 수 있습니다.

앞에서도 말했지만 중성미자는 태양의 표면에서는 만들어지지 않습니다. 중심부에서 일어나는 핵융합 반응에 의해 발생합니다. 이 핵융합 반응 덕에 태양이 빛나고, 중성미자가 발생해, 지구에 도달하는 것입니다. 이 때문에 중성미자로 태양을 보면 빛과는 달리 태양의 중심 부분이 보입니다. 태양의 중심부에서 나오는 중성미자가 제대로 보인다는 것은 태양의 중심에서 일어나고 있는 반응이 무엇인지 알 수 있다는 얘기이므로 태양은 표면뿐만 아니라 중심부도 보통 원자로 이루어져 있음을 알 수 있는 것입니다.

태양이 표면과 중심부 모두 보통의 원자로 이루어져 있다는 것은, 태양 같은 항성은 모두 원자로 되어 있음을 의미합니다. 우리 은하계 내에 있는 별들도 이웃 은하에 있는 별들도 모두 보통의 원자로 이루어져 있는 것입니다.

은하수를 자세히 살펴보자

자, 이번에는 은하 전체를 생각해 봅시다. 우리가 살고 있는 은하계부터 살펴 볼까요? 하늘을 올려다보면 아름다운 은하가 보입니다. 이 은하는 사실 은하의 원반 부분에 해당합니다. 그런데 은

우리가 알고 있는 우주

그림 1-2
은하의 모습. 아름다운 원반을 형성하고 있다.(NASA)

하는 왜 흐르는 것처럼 보일까요?

그것은 은하가 그림 1-2처럼 원반 모양을 하고 있기 때문입니다. 물론 은하 밖으로 나가서 사진을 찍은 사람은 없으므로 어떤 의미에서는 상상도라 할 수 있지만, 천문학도 상당히 발전하여 우리가 사는 은하의 어디에 어떤 별이 있는지 자세히 조사할 수 있게 되었습니다. 그러므로 이 사진은 신뢰할 수 있는 데이터에 기초해 만든 화상이라 할 수 있습니다. 은하에서 빠져나가 위에서 내려다보면 이런 모양일 거라는 얘기죠.

은하 안에는 약 2,000억 개의 별이 있습니다. 그리고 우리가 사는 태양계는 은하계의 중심에서 2만 8,000광년 떨어진 외곽에 있습니다. 일반적으로 은하의 중심에 있는 별은 모두 늙었고, 새로운 별이나 행성이 생성되지 않고 있는 상태입니다. 하지만 우리가 살고 있는 태양계 주변은 외곽의 신흥 주택지이기 때문에 아직 젊은 세대 가족이 살고 있고, 아기가 태어나고 별이 태어나고 행성도 태어나고 인간도 태어났습니다. 우리 태양계는 그런 곳에 위치하고 있습니다.

은하계를 옆에서 보면 마치 가운데가 위아래로 볼록한 달걀부침처럼 생겼을 거라고 추측됩니다. 우리 태양계가 위치하는 곳은 은하계의 중심에서 멀리 떨어져 있지만 여기서 원반 중심 방향을 보면 별이 밀집되어 있기 때문에 은하銀河, 즉 강처럼 보이는 것입니다.

은하는 원반의 두께가 1,500광년입니다. 빛의 속도로 이동해도 위에서 아래까지 가는 데 1,500년이나 걸리는 겁니다. 지구에서 은하 중심까지는 2만 8,000광년이나 걸립니다. 은하의 중심 부분은 사실 먼지로 가득해 조사하기 어려운 곳이었지만 그것도 기술의 진보 덕에 내부의 모습까지 상당히 알 수 있게 되었습니다.

먼지가 있으면 보이지 않는 것은 라디오를 들을 때와 비슷한

우리가 알고 있는 우주

느낌입니다. 예를 들어 운전 중에 FM라디오를 듣고 있다가 건물이나 다리 아래를 지날 때면 잘 들리지 않습니다. 왜냐하면 FM라디오는 음성을 전파에 실어 전달하는데, 전파는 파동의 일종입니다. 파동 1회 주기의 길이를 나타내는 파장이 FM라디오의 경우는 수 미터입니다. 때문에 빌딩이나 다리가 있으면 그런 장애물에 부딪혀 튕겨나가기 때문에 그 옆을 지날 때는 잘 들리지 않습니다. 하지만 AM라디오는 그런 곳에서도 잘 들립니다. AM라디오는 파장이 100미터나 되기 때문에 건물이나 다리를 돌아 도달할 수 있습니다.

그렇다면 은하의 먼지는 어떨까요? 은하의 중심부에는 먼지가 많습니다. 우리 눈에 보이는 빛, 즉 가시광선은 이 먼지의 크기보다 파장이 짧기 때문에 가시광선으로는 이 먼지가 많은 중심부를 볼 수 없습니다. 하지만 라디오의 경우처럼 파장이 긴 빛을 사용하면 중심부를 볼 수 있습니다. 그 파장이 긴 빛이 바로 적외선입니다. 적외선은 먼지가 많아도 AM라디오 파장처럼 먼지의 뒤쪽으로 돌아가 그 건너편을 볼 수 있습니다.

적외선을 사용한 망원경의 수는 지난 수십 년 동안 증가했습니다. 그 결과 은하의 중심부도 볼 수 있게 된 것입니다. 그리고 은하의 한가운데에는 블랙홀이 있다는 사실을 알게 되었습니다. 블랙홀은 대단히 거대한 중력 덩어리이기 때문에 빛마저도 삼켜

우주가 정말 하나뿐일까?

버립니다. 한 번 삼켜지면 아무리 빛이라도 다시 나올 수가 없으므로 당연히 적외선으로도 볼 수 없습니다. 그런데도 어떻게 이곳에 블랙홀이 존재한다는 걸 알 수 있었을까요? 그것은 중심부에 있는 별들의 움직임을 자세히 관찰한 덕이었습니다.

은하계에도 블랙홀이

은하계 중심부의 별을 보면 어느 지점에서 별의 궤도가 급속히 휘어지는 것을 관찰할 수 있습니다. 이는 주변에 커다란 중력이 있다는 증거입니다. 큰 중력 옆을 지났기 때문에 그 중력에 끌려 별의 궤도가 크게 휘어진 것입니다. 즉 블랙홀 자체는 보이지 않지만 주변 별의 움직임을 조사하면 그 별이 어느 정도 크기의 중력에 이끌리고 있는지 알 수 있습니다. 그 정보를 수집해 가면 간접적이기는 하지만 블랙홀이 어디에 있는지 알 수 있습니다.

계산 결과, 은하의 중심에 있는 블랙홀은 태양의 약 400만 배의 무게를 가지고 있음이 밝혀졌습니다. 게다가 이 블랙홀은 점점 커지고 있습니다. 이런 사실을 어떻게 알 수 있냐 하면 이 블랙홀 부분은 밝아지는 시기가 있기 때문입니다. 블랙홀 자체는 빛나지 않는데 왜 가끔씩 밝아지는 걸까요? 그 이유는 블랙홀이 주변에 있는 가스를 삼키기 때문입니다.

블랙홀은 한번 들어가면 절대로 나올 수 없는 곳입니다. 이 우주에서 가장 빠른 빛조차 빠져나갈 수 없기 때문에 당연히 가스도 다시 나올 수 없습니다. 하지만 가스는 블랙홀에 삼켜지기 직전에 빛을 발합니다. 마치 단말마의 울부짖음처럼 말이죠.

블랙홀은 거대한 중력을 가지고 있는데 그 중력의 영향이 미치는 범위와 그 외의 부분을 나누는 경계가 있습니다. 그것을 사건의 지평선event horizon이라 부릅니다. 사건의 지평선보다 안쪽으로 들어가면 블랙홀 중력의 영향권 안으로 들어가므로 빛이라도 절대로 밖으로 나올 수 없고, 블랙홀의 중심으로 떨어질 수밖에 없습니다.

이처럼 은하의 중심부에 있는 블랙홀은 주변의 가스를 조금씩 삼키며 살쪄 가고 있습니다. 그렇다면 이런 은하는 특이한 경우일까요? 그렇지 않습니다. 우리 은하 같은 소용돌이 은하의 중심부에는 블랙홀이 반드시 존재합니다. 우리 은하에 있는 블랙홀은 태양보다 400만 배나 무겁지만, 다른 은하에는 더 무거운 블랙홀이 있고 태양 무게의 100억 배나 되는 은하도 존재합니다.

기묘한 은하의 회전

태양계에 대해 이야기하면서 지구는 태양의 중력에 이끌려 초속 30킬로미터라는 초스피드로 움직이고 있다고 말했습니다. 은하 중에서도 원반 형태를 하고 있는 우리 은하의 경우는 태양계

우주가 정말 하나뿐일까?

처럼 움직입니다. 물론 태양계도 전체적으로 움직입니다. 우리는 태양계 안에 있으므로 은하의 중심에 비해 어느 정도의 속도로 움직이고 있는지 알기 어려운 측면도 있지만 관측 기술의 발달로 확실한 숫자를 얻을 수 있게 되었습니다. 태양계는 무려, 은하 안에서 초속 220킬로미터의 속도로 돌고 있었습니다. 빛의 속도가 초속 30만 킬로미터니까 광속의 약 1,400분의 1의 속도라는 계산이 나옵니다. 우리는 평소에는 느끼지 못하지만 태양계 전체가 이런 속도로 움직이고 있었던 것입니다.

태양계가 초속 220킬로미터라는 초스피드로 움직이고 있는데도 우리 은하에서 튕겨나가지 않는 것은 그만큼 우리 은하의 커다란 중력에 이끌리고 있기 때문입니다. 이 중력의 크기는 어느 정도일까요? 중력의 원천이 되는 것은 무게를 가지고 있는 물질입니다. 그 대표적인 예가 별입니다. 별은 눈에 보이므로 어디에 어느 정도의 별이 있는지 알면 중력의 크기를 구할 수 있습니다.

여기서 태양계의 예를 다시 떠올려 봅시다. 우리 은하의 중심에서 멀어지면 멀어질수록 별의 속도는 느려져야만 했습니다. 그런데 관측 데이터를 보면 처음에는 은하의 중심에서 멀어질수록 속도가 느려지지만 어느 지점부터 상황이 바뀝니다. 거의 일정한 속도, 아니 오히려 빨라진다고 할 수 있습니다. 무척이나 이상한 현상이죠. 왜냐하면 은하의 중심에서 멀어질수록 별의 수가 적어지고 밀도도 낮아질 테니까요. 별이 중력을 만든다고 하면 별의 밀도가 낮아질수록 중력이 작아지고 속도도 느려져야 합니다. 그런데 별의 속도가 느려지기는커녕 빨라지다니요. 게다가 별이 시야에서 사라져도 속도가 느려지지 않습니다.

이 현상을 설명하려면, 이렇게 생각할 수밖에 없습니다. 은하의 외곽으로 향하면 별이 희박해지는 것처럼 보이지만 그 공간에는 뭔가가 많이 존재한다고. 그래서 은하 바깥쪽으로 가면 갈수록 물질이 늘어 생각보다 중력이 줄지 않으므로 은하 외곽에는 중력의 원천이 될 만한 것이 많다고 생각하게 된 것입니다.

눈에 보이지 않는 물질

지금 필자가 이야기한 중력의 원천이 되는 물질은 눈으로 볼 수가 없습니다. 은하 내에는 이런 것들이 아주 많습니다. 그리고 그 눈으로 볼 수 없는 물질은 '암흑물질'이라는 이름으로 불립니다. 눈에도 보이지 않고 정체가 불분명한 무엇인가이기 때문에 암흑이라는 단어가 붙었습니다. 하지만 무게가 있고 중력의 원천이 되므로 이것이 물질이라는 사실만큼은 알 수 있습니다. 이 눈에 보이지 않는 암흑물질이 우리 은하 내에 많이 존재하므로 우리 태양계도 은하계 내에서 무사히 돌고 있는 것입니다. 만약 암흑물질이 없어진다면 태양계는 당장이라도 우리 은하에서 어딘가

44

먼 곳으로 튕겨나가고 말겠지요.

게다가 이런 현상을 우리 은하에서만 볼 수 있는 것은 아닙니다. 조사해 보니 어느 은하든 암흑물질이 많았습니다. 우리 은하의 이웃에 있는 것은 230만 광년 앞에 위치한 안드로메다 은하입니다. 안드로메다 은하는 크기도 우리 은하와 비슷한 형제 같은 은하입니다. 물론 안드로메다 은하 내에서 별이나 가스가 어느 정도의 속도로 움직이고 있는지도 측정할 수 있습니다. 그 결과, 안드로메다 은하에도 암흑물질이 존재하며 그것이 별과 가스를 끌어당기고 있음을 알게 되었습니다.

참고로, 이 230만 광년이라는 거리에 대해서 말하자면 우주적 관점에서 볼 때 이 거리는 그렇게 먼 거리는 아닙니다. 사실 두 개의 은하는 자신의 중력으로 서로를 끌어당기고 있습니다. 이 것은 지금도 우리 은하와 안드로메다 은하가 조금씩 가까워지고 있음을 뜻합니다. 그리고 약 45억 년 후, 우리 은하는 안드로메다 은하와 충돌할 것으로 예측되고 있습니다.

은하의 내부가 암흑물질로 가득하다고?!

우주에는 다른 소용돌이 은하도 많은데, 그 은하들도 조사해 보면 역시 은하의 중심에서 멀어져도 별이나 가스의 속도는 느려지지 않는다는 데이터가 나왔습니다. 은하의 중심에서 점점 멀어지면서 어느 정도가 되면 점점 별이 사라집니다. 그러면 별에 의해 만들어지는 중력의 크기는 정해지고 맙니다. 그 다음은 점점 느려지겠지요. 하지만 역시 느려지지 않습니다. 즉 은하의 중심에서 멀어지면 눈에 보이는 별이 감소하는 대신, 눈에 보이지 않는 무언가가 점점 증가한다는 뜻입니다.

더 자세히 조사해 보면 별의 속도가 어디서 오는지 알 수 있습니다. 은하의 중심에는 거대한 블랙홀이 있는데, 그것을 감싸듯 은하가 생성됐을 무렵 태어난 늙은 별들이 모여 밝게 빛나는 부분이 있습니다. 그 부분을 팽대부bulge라고 부릅니다. 안드로메다 은하 내의 별과 가스의 속도에 영향을 미치는 것이 팽대부뿐이라고 가정하고 계산하면 팽대부에서 멀어질수록 속도가 느려져야 하는데 실측값은 그렇지가 않습니다.

은하에는 팽대부뿐만 아니라 수많은 별이 있습니다. 그리고 그 별들에도 무게가 있어 다른 별을 끌어당기는 원인이 되기도 합니다. 하지만 팽대부와 별을 더해도 아직 관측 결과에는 미치지 못합니다. 그렇다면 이제 무엇을 더 더하면 좋을까 생각해 보니, 역시 눈에는 보이지 않는 암흑물질인 헤일로밖에 없지 않느냐는 결론에 이르는 것입니다. 참고로 헤일로는 서양화에서 천사 뒤에 있는 후광을 일컫는 말인데, 천문학에서는 은하가 암흑물질이라는 눈에 보이지 않는 후광으로 가득하다는 것을 의미합니다.

지금까지의 결과를 토대로 생각해보면 암흑물질이 차지하는 비중은 은하의 중심부에서 멀어지면 멀어질수록 점점 증가합니다. 팽대부, 별, 암흑물질, 이 셋을 합해야 비로소 관측 데이터와 일치하는 결과를 얻을 수 있는 것입니다. 이렇게 생각하면 안드로메다 은하 내부는 대부분이 암흑물질이라는 결론에 다다릅니다.

은하가 회전한다는 사실을 어떻게 알지?

방금 은하의 회전 속도에 대해 말했습니다. 여러분은 '이걸 어떻게 알았을까' 의문이 들었겠지요. 지금부터 은하의 회전 속도를 측정하는 방법에 대해 얘기하겠습니다. 우리 은하 같은 소용돌이 은하는 위에서 보면 아름다운 소용돌이를 그리고 있지만 옆에서 보면 가는 선으로밖에 보이지 않습니다. 은하 내의 별과 별 사이에는 수소 가스가 많습니다. 물론 수소 가스는 빛을 냅니다. 하지만 온도가 낮은 곳에서는 빛이 아니라 전파를 내보냅니다.

은하에서 나오는 이런 전파를 조사해보면 중심부에 비해 오른쪽에서 오는 전파는 파장이 조금 짧다는 걸 알 수 있습니다. 전파의 파장이 짧아진다는 것은 무엇을 말하는 걸까요? 전파를 소리로 바꿔 봅시다.

예를 들어, 구급차가 사이렌을 울리며 달리고 있다고 합시다. 구급차가 이쪽으로 다가올 때는 사이렌의 소리가 고음으로 들립니다. 또 멀어지면 저음으로 들립니다. 이처럼 뭔가가 가까워지거나 멀어질 때 소리가 높아지거나 낮아지는 현상을 도플러 효과라고 합니다. 구급차의 경우, 차량이 가까워질 때 사이렌 소리가 고음으로 들리는 것은 사이렌의 음파가 좁아져 파장이 짧아지기 때문입니다.

도플러 효과는 소리뿐만 아니라 전파에도 있습니다. 가까워지는 것으로부터 나오는 전파도 이쪽에 도달할 때는 파장이 짧게 느껴집니다. 그러므로 이때 파장이 얼마만큼 짧아졌는가를 조사하면 어느 정도의 속도로 가까워지고 있는가를 알 수 있습니다.

또한, 왼쪽의 파장은 길어져 있습니다. 구급차의 경우는 멀어질 때는 사이렌 소리가 낮게 들립니다. 이는 멀어짐으로써 파장이 늘어나면서 길어지기 때문입니다. 거꾸로 말하면 전파의 파장이 늘어나면서 길어지면, 그 전파를 발생시키는 것은 멀어지고 있다는 뜻이 됩니다.

은하에서 나오는 전파의 파장을 측정하면 한쪽은 가까워지고 반대쪽은 멀어지고 있음을 알 수 있습니다. 바로 옆에서 봤을 때, 오른쪽이 가까워지고 왼쪽이 멀어진다는 것은 이 은하는 오른쪽에서 왼쪽으로 회전하고 있다는 뜻입니다.

지금까지 우리 은하가 얼마나 빠른 속도로 회전하고 있는가를 살펴봤는데, 먼 곳의 다른 은하에도 같은 원리를 적용할 수 있

우주가 정말 하나뿐일까?

습니다. 은하가 지구에서 아무리 멀리 있다 해도 파장이 늘어나는 비율이나 줄어드는 비율은 같습니다. 중심부에 비해 바깥 측의 파장은 변형되어 있습니다. 이 파장이 변형되는 비율은 중심부에서 멀어져도 변하지 않는다는 것을 나타냅니다. 이처럼 파장을 이용하면 멀리 있는 은하의 회전 속도, 그것도 거리에 따른 속도까지 정확히 알 수 있는 것입니다.

아무것도 보고 있지 않은 것이나 마찬가지

1960년대, 이 방법을 통해 암흑물질이 정말로 존재할지도 모른다고 생각한 사람이 있었습니다. 바로 미국의 여성 천문학자인 베라 쿠퍼 루빈Vera Cooper Rubin입니다. 전파를 이용해 먼 곳의 은하를 관찰해도 결과는 우리 은하나 안드로메다 은하와 같았습니다. 즉 은하의 중심에서 외곽까지 비교해 봐도 속도가 느려지지 않은 것입니다. 그러므로 많은 은하를 관찰하면 할수록 암흑물질이 존재할 거라는 결론에 이르게 되었습니다.

이런 일련의 관측 결과를 통해 말할 수 있는 것은, 우리가 감탄하며 바라봐 온 은하는 은하 중 극히 일부였다는 사실입니다. 은하는 대부분이 정체불명이며 눈에 보이지 않는 암흑물질로 된 덩어리이고, 그 안에 눈에 보이며 빛나는 별이 드문드문 산재해 있다는 얘기가 됩니다. 우리는 지금까지 은하를 눈으로 봐 왔다고 생각하지만 사실 거의 대부분은 본 적이 없는 거나 다름없습니다.

물론 은하 중에서도 별이 많은 부분은 잘 보이기 때문에 쉽게 크기를 알 수 있습니다. 우리 은하의 경우는 지름이 약 10만 광년 정도입니다. 하지만 암흑물질까지 포함하면 은하의 크기는 알 수가 없습니다. 암흑물질은 눈에 보이지 않기 때문에 어디까지, 어떤 형태로 펼쳐져 있는지 알 수가 없는 것입니다. 암흑물질은 끝없이 펼쳐져 있을 수도 있지만 지금으로서는 정확히 측정 가능한 방법이 발견되지 않은 상태입니다.

지금, 우리 눈에는 은하계의 아름다운 원반 부분밖에 보이지 않습니다. 하지만 그 주변에는 많은 암흑물질이 있습니다. 그 암흑물질의 중력 덕분에 원반이 아름다운 소용돌이 모양으로 돌 수 있는 것입니다.

Q&A
—

질문 암흑물질의 '물질'이라는 단어가 사전에서 말하는 물질과는 상당히 다른 것 같습니다. 암흑물질은 눈에 보이지 않는데도 중력을 갖는 것으로 관측된다는 거죠?

우주가 정말 하나뿐일까?

무라야마 그렇습니다.

질문 그렇다면 암흑물질을 어째서 물질이라고 부를 수 있는 건가요? '중력을 갖는 것으로 관측되는 것'으로밖에 이해되지 않는데요?

무라야마 그게 맞습니다. 즉 어떤 것을 물질이라고 하느냐 하면 우선, 무게가 있어야 합니다. 무게가 있는 것은 중력으로 다른 것들을 끌어당깁니다. 만유인력이라고도 하죠. 태양은 무게가 있기 때문에 지구를 끌어당기고 있고 은하의 중심부도 무게가 있기 때문에 주변 것들을 끌어당기고 있습니다. 블랙홀도 무게가 있어서 끌어당기고 있고요. 그러므로 무게가 있고 주변의 것들을 끌어당기는 것은 지금으로서는, 모두 물질입니다. 블랙홀도 굉장히 거대한 물질인 거죠. 또한 개개의 원자 역시 물질입니다.

암흑물질도 이와 똑같이 무게가 있고 주변의 것들을 중력으로 끌어당길 수 있으니, 그런 의미에서 물질이라 할 수 있습니다.

우리가 알고 있는 우주

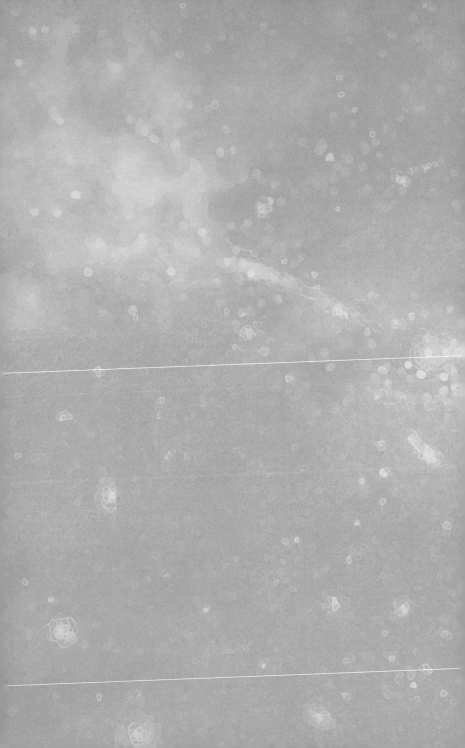

2

암흑물질로
가득 찬 우주

앞 장에서는 태양계, 우리 은하, 다른 은하와 우주를 펼쳐봤습니다. 그리고 은하를 관측하면서 암흑물질의 존재를 알게 되었습니다. 은하보다 더 넓은 우주로 나가보면 무엇을 알게 될까요? 이번 장에서는 이 주제에 대해 이야기해 보려고 합니다.

은하단도 암흑물질로 가득하다

은하 바깥세상을 더 자세히 살피다 보니 은하가 모여 은하단을 형성하고 있었습니다. 그림 2-1은 머리털자리 은하단입니다. 밝게 빛나는 하나하나의 점이 은하입니다. 그러므로 이 화상은 상당히 넓은 곳을 포착하고 있는 거겠죠.

은하단 안에서도 은하가 움직이고 있는 속도를 측정할 수 있

그림 2-1
머리털자리 은하단. 은하계의 바깥에는 은하가 모인 은하단이 형성되어 있다.(STScI/NASA)

습니다. 그리고 은하는 중력으로 서로를 끌어당기며 은하단을 형성하고 있음을 알 수 있습니다. 하지만 은하마다 속도를 측정해 보니 우리가 보고 있는 은하의 중력으로 인한 은하의 속도가 실제로는 매우 빠르다는 것을 알게 되었습니다. 개개의 은하를 우리 눈에 보이는 은하의 중력으로만 끌어당기고 있다면 모든 은하는 튕겨나갔을 거라는 걸 알게 된 거죠. 이런 은하들이 은하단을 형성했다는 얘기는 역시 눈에 보이지 않는 암흑물질이 존재한다고밖에 생각할 수 없는 것입니다.

사실 암흑물질이라는 개념이 처음 제기된 것은 1933년이었습

그림 2-2

은하를 변형시키는 암흑물질의 힘. 은하단 주변에 암흑물질이 있으면 은하단 저편에 있는 은하가
암흑물질의 중력으로 인해 변형되어 보인다.(STScI/NASA)

니다. 은하단 내의 은하의 운동을 측정한 프리츠 츠비키_{Fritz Zwicky}
가 그 주인공이며 암흑물질이라는 이름도 그가 지었습니다. 그
는 꽤 이단아적이며 완고한 인물이었기 때문에 물리학자나 천문
학자 가운데서도 그의 말을 믿는 사람은 별로 없었던 모양입니
다. 하지만 그는 옳았습니다. 은하 하나하나의 운동을 살피는 일
은 아주 힘든 작업이지만 최근의 관측 기술로 가능해졌고, 은하
단도 대부분이 암흑물질로 이루어져 있음을 알게 되었습니다.

그림 2-2는 아벨2218 은하단입니다. 이 은하단에는 군데군데
선처럼 생긴 것이 보입니다. 이 선은 사실 은하입니다. 은하는 은

하인데 아주 멀리 있는 은하죠. 아벨2218 은하단보다 더 멀리 있는 은하가 선처럼 보이는 것입니다.

왜, 이런 일이 발생하는 걸까요? 그것은 멀리 있는 은하에서 오는 빛이 암흑물질의 중력 때문에 휘어져 늘어난 결과라고 추측되고 있습니다. 그리고 이를 이용해 우주에 관한 새로운 정보를 알 수 있게 되었습니다. 즉 이 멀리 있는 은하가 어떻게 잡아당겨진 것처럼 보이는가를 연구함으로써 암흑물질이 끌어당기고 있는 중력의 크기를 알 수 있는 것입니다. 은하단은 굉장히 거대하기 때문에 끝에서 끝까지 160만 광년이나 됩니다. 이렇게 큰 덩어리가 거의 암흑물질로 이루어져 있고 그 암흑물질의 중력에 의해 먼 곳의 은하가 변형된 것처럼 보이는 것입니다.

변형의 정도를 통해 그 장소에 어느 정도 크기의 중력이 있는지를 계산할 수 있습니다. 실제로 은하가 있는 장소는 괜찮지만 은하가 없는 장소라도 중력, 즉 물질이 없으면 빛을 휘게 할 수는 없습니다. 그러므로 은하단의 내부에도 암흑물질이 존재해야 한다는 결과를 도출할 수 있습니다. 또한, 이를 활용하면 눈에 보일 리 없는 암흑물질의 지도를 만들 수 있습니다.

중력렌즈에 대해

이처럼 은하가 휘어진 것처럼 보이는 현상을 중력렌즈 효과라고 합니다. 별이든 은하든 마찬가지인데, 강한 중력을 가진 뭔가가 있다고 했을 때 멀리서 온 빛이 그 근처를 통과하려고 하면 중력에 이끌려 휘고 마는 것입니다. 분명 중학교 교과서에 '진공 상태에서 빛은 직진한다'라고 쓰여 있던 기억이 나는데 그건 엄청난 거짓말이었던 셈입니다. 중력이 잡아당기면 진공 상태에서도 빛은 휘고 맙니다.

이 중력렌즈 효과는 아인슈타인이 예언했습니다. 태양의 중력으로 빛이 휘기 때문에 태양 방향에 있는 별을 보면 제 위치에서 어긋난 것처럼 보일 거라고 했던 것입니다. 하지만 보통은 태양 방향에 있는 별은 보일 리가 없습니다. 태양에서 나오는 빛 때문에 말이죠. 그런데 스탠리 에딩턴Stanley Eddington이라는 사람이 개기일식 때 관측에 성공했습니다. 일식은 태양이 달에 가려지는 현상이므로 태양 방향에 있는 별도 보입니다. 그래서 장소를 정확히 측정해 보니 별이 원래의 위치에서 벗어난 곳에 있는 것처럼 보였습니다. 원래는 태양보다 더 멀리 있어야 하는데 더 가까이에 있는 것처럼 보인 것입니다.

빛은 중력으로 인해 휘어집니다. 때문에 멀리 있는 은하나 별의 빛은 변형된 상태로 지구에 도달합니다. 지금은 이 중력렌즈 효과를 정확히 관측할 수 있기 때문에 암흑물질 지도도 만들 수 있게 되었습니다.

암흑물질로 가득 찬 우주

스바루 망원경의 활약

자, 다시 은하단 애기로 돌아가 볼까요? 앞에서는 은하단의 중심부만 살펴봤습니다. 최근에는 은하단의 변두리까지 연구 대상이 되고 있습니다. 앞에서 말한 은하단은 끝에서 끝까지 160만 광년이었습니다. 이번에는 더 멀리 2,000만 광년까지 가 보도록 하죠. 이 정도로 멀리 가도 은하단은 암흑물질로 가득하다는 사실이 관측 결과 밝혀졌습니다.

암흑물질 자체는 보이지 않지만 등고선 같은 것을 그릴 수도 있게 되었습니다. 중력렌즈 관측을 통해 그곳에 있을 것으로 예상되는 암흑물질의 양을 계산할 수 있으므로 양이 같은 장소를 선으로 연결하면 산의 높이를 나타내는 등고선처럼 암흑물질의 양을 나타내는 선을 그릴 수 있습니다.

그림 2-3은 중력렌즈 효과의 개념도인데, 중력렌즈 관측이 가능한 것은 대단히 정교한 거울을 만들 수 있게 되었기 때문입니다. 실물을 소개할 수 없어 유감이지만 일본의 스바루 망원경으로 관측하면 은하가 정말 왜곡되어 보입니다. 스바루 망원경은 하와이에 있는 해발 4,200미터 마우나케아 산 정상에 있습니다. 공기가 상당히 희박하여 밤하늘을 관측하는 데 방해되는 요소가 거의 없기 때문에 아주 깨끗한 영상을 찍을 수 있습니다.

이 스바루 망원경은 사실 세계 최대급 망원경입니다. 뭐가 세

우주가 정말 하나뿐일까?

그림 2-3
중력렌즈 효과 개념도. 암흑물질의 중력에 의해 먼 곳의 은하의 형태를 바꾸어 버린다.
(STScI/NASA)

계 최대급이냐 하면 바로 망원경에 사용되는 거울의 크기가 그
렇습니다. 거울 한 장의 지름이 8.2미터나 됩니다. 이렇게 큰 거
울은 중력의 영향을 크게 받기 때문에 거울이 크다고 해서 두께
까지 두껍게 하면 중력의 영향만으로도 깨지고 맙니다. 그래서
두께 20센티미터 정도로 아주 얇게 만들었습니다. 지름이 8.2미
터인데 두께가 20센티미터라니 굉장히 얇다는 걸 알 수 있죠.

61

이 거울은 그냥 크고 얇은 게 아니라, 표면도 무척이나 매끈합니다. 매끄럽지 못한 부분이 있기는 하지만 스바루 망원경에 사용되는 거울의 오차는 육안으로는 구분되지 않는 평균 14나노미터밖에 되지 않습니다. 사람의 머리카락 굵기의 5000분의 1 수준이죠. 거울을 하와이섬에 비한다면 종이 한 장 정도의 두께에 불과한 오차입니다. 거울이기는 하지만 매우 정밀한 거울입니다.

이 정밀한 거울을 단지 망원경에 장착한 것만으로는 깨끗한 영상을 찍을 수 없습니다. 우리는 거의 느낄 수 없지만 지구는 자전과 공전을 하고 있습니다. 특히 적도 부근에서의 자전 속도는 시속 1,700킬로미터나 됩니다. 이 정도의 속도로 돌고 있기 때문에 거울을 한 곳에 두면 점점 그 위치에서 밀려나게 됩니다. 게다가 은하 같은 먼 곳의 천체를 보려면 장시간 노출 촬영을 해야 하므로 그 시간 동안 은하가 화면에서 움직이지 않도록 추적해야 합니다.

추적하려면 거울을 기울여야 하는데 아무 생각 없이 기울였다가는 상이 왜곡됩니다. 스바루 망원경으로는 거울 뒤에서 261개의 유압 모터_{액추에이터}라는 피스톤처럼 생긴 것이 거울을 지탱하고 있어 거울을 움직이면 그 유압모터가 자동으로 움직여 어느 방향을 향해도 항상 표면을 평평하게 유지해 깨끗한 상을 맺도록 합니다. 그런 정밀한 망원경이 아니라면 중력렌즈 효과의 왜곡은 포착할 수 없습니다.

이 암흑물질 지도 작성을 통해 확실해진 것은 우주에 있는 물질의 80% 이상은 원자가 아니라는 것입니다. 뭔지는 모르지만 원자와는 다릅니다.

은하단 내의 암흑물질의 형태는 완전한 구형이 아닙니다. 중력렌즈 효과로 수십 개의 은하단을 조사해 보니, 모든 은하가 풋볼 형태를 하고 있었습니다. 그리고 은하단의 중심부에서 멀어지면 암흑물질의 양은 감소하지만 없어지지는 않았습니다. 수백만 광년이나 떨어진 곳에도 존재했습니다. 관측 데이터만 보면 은하단 역시 대부분은 암흑물질이 차지하고 있었습니다.

은하단과 은하단의 충돌 현장

최근 관측된 것 가운데 대단히 극적인 것이 있었습니다. 그림 2-4는 지구에서 약 40억 광년 저편에 있는 은하단입니다. 이 사진의 한가운데 있는 조금 선명하게 흰 두 곳은 사실 엑스선으로 촬영한 고온의 가스입니다. 엑스선을 사용하면 뜨거워진 가스를 볼 수 있습니다. 이 가스는 보통의 원자입니다. 한편, 그 바깥쪽으로 다소 흐릿한 흰 부분이 있는데, 이것은 암흑물질입니다. 이 것은 앞에서처럼 중력렌즈 효과로 묘사된 것입니다. 이 은하단 저편에 있는 은하의 형태가 왜곡되어 보이는 현상을 이용해 어

암흑물질로 가득 찬 우주

그림 2-4
시각화한 암흑물질. 은하단끼리 충돌해도 암흑물질은 형태를 바꾸지 않고 그대로 빠져나간다.
한편, 가스는 충돌로 인해 속도가 떨어지면서 형태가 바뀐다.(NASA)

디에 어느 정도의 암흑물질이 있는지를 산출하여 이미지화한 것
입니다.

그런데 여기서 우리가 주목해야 하는 부분은 보통의 가스$_{원자}$
가 있는 곳과 암흑물질이 있는 곳이 일치하지 않는다는 점입니
다. 매우 기묘한 현상이죠. 그 원인을 조사해 보니 두 개의 은하
단이 충돌한 현장임이 밝혀졌습니다. 이 현장에서는 두 개의 은
하단이 초속 4,500킬로미터라는 속도로 충돌했던 것입니다. 빛의
속도가 초속 30만 킬로미터이므로 광속의 1.5%의 속도입니다.

그때의 모습을 컴퓨터로 시뮬레이션해 보았습니다. 은하단은

대부분 암흑물질로 이루어져 있고 그 안에 약간의 가스나 별이 있는데, 그런 은하단끼리 충돌하면 가스는 보통의 물질이므로 확실히 반응을 일으키며 온도가 올라가고 마찰이 일어납니다. 하지만 암흑물질은 주변의 것들과 반응하지 않으므로 아무 일도 없었던 듯 빠져나갑니다. 가스는 마찰 때문에 속도가 느려지고 암흑물질은 마찰이 없기 때문에 둘의 위치가 어긋나는 것입니다. 다만 보통의 가스와 암흑물질의 경우 이대로 뿔뿔이 헤어지지는 않습니다. 암흑물질은 중력이 대단히 크므로 보통의 가스는 그 중력에 이끌려 뒤에서 따라가는 형태가 됩니다.

이 시뮬레이션은 은하단이라는 것은 암흑물질이라는 덩어리 안에 보통의 가스나 별이 약간 들어있는 것뿐이라는 사실을 가르쳐 줍니다. 하지만 그뿐 아니라 암흑물질은 다른 물질과 반응하지 않는, 유령 같은 입자라는 사실도 말해 줍니다. 그러므로 우리는 이 사진을 통해 암흑물질은 우리가 알고 있는 보통의 입자는 아니라는 사실을 알 수 있습니다.

또한, 그림 2-5 같은 예도 있습니다. 이것은 2008년에 관측된 은하단 사진인데 암흑물질의 분포 형태를 보면 고리처럼 보입니다회색 부분. 마치 연못에 던진 돌에 의해 만들어진 물결처럼 보입니다. 우연이지만 이 사진도 은하단끼리 충돌한 후의 모습을 촬영한 것입니다. 게다가 이 충돌은 우리가 보고 있는 방향에서 두

65

그림 2-5
은하단을 둘러싸고 있는 암흑물질.(NASA, ESA, M.J.Jee and H.Ford et al. (Johns Hopkins Univ.))

개의 은하단이 충돌한 경우입니다. 즉 연못에 떨어진 돌을 바로 위에서 보고 있는 셈이죠. 던졌을 때의 충격이 암흑물질에 전해 져 물결처럼 동그랗게 퍼지는 것처럼 보이는 것입니다. 은하단 은 어느 곳이든 대부분이 암흑물질로 가득합니다. 암흑물질끼리 는 충돌하지 않지만 서로 중력으로 끌어당기면서 물결무늬를 만 드는 게 아닐까 추측되고 있습니다.

Q&A

질문 암흑물질의 분포 사진은 어떻게 만드나요? 직접 관측한 게 아닌가요?

무라야마 관측한 겁니다. 은하단이 그 지점에서 보일 때 촬영한 거죠.

질문 암흑물질의 분포 형태는 어떻게 아나요?

무라야마 중력렌즈 효과를 사용해 그곳에 필요한 암흑물질의 양을 계산합니다.

질문 그걸 합성하는 건가요?

무라야마 그 등고선을 농담濃淡으로 구별합니다. 진짜 멀리 있는 은하가 작은 점으로 보이는 게 아니라 형태가 보일 정도로 고배율의 정밀한 망원경이 개발되었기 때문에 중력렌즈 효과로 인한 은하의 왜곡을 알 수 있게 되었습니다. 이 왜곡의 정도를 조사하면, 그곳에 눈에 보이지 않는 암흑물질이 얼마나 필요한지 알 수 있습니다.

질문 우리 은하가 있고, 그 주변에 대체로 둥근 형태로 암흑물질이 존재한다고 하셨는데, 은하단 주변에도 암흑물질이 둥근 형태로 존재하나요?

무라야마 그렇습니다. 역시 암흑물질이 둥근 형태로 덩어리져 있고, 그 안에 약간의 은하가 있는 식이죠.

질문 그리고 은하단끼리 충돌했을 때, 보통의 가스는 암흑물질보다 뒤처지지만 암흑물질의 끌어당기는 힘으로 다시 중심으로 돌아오게 됩니까?

무라야마 언젠가는 그렇겠지요. 사실은 그 시뮬레이션의 다음 편이 있습니다. 충돌 전에 은하단이 다가오고, 충돌하자 보통의 가스는 반응하면서 뜨거워져 뒤처지게 됩니다. 그리고 암흑물질은 점점 더 앞으로 나가죠.
　그리고 시간이 더 지나면 뒤처졌던 가스가 차츰 암흑물질에 흡수되어 갑니다. 중력이 대단히 강하기 때문에 한 번 속력이 떨어진 가스도 암흑물질 속으로 빨려 들어가는 겁니다.

질문 암흑물질은 모든 은하계에 존재한다는 건데, 극단적인 예로 지금 여기우리 주변에도 있나요?

무라야마 네. 물론 아직 개개의 무게가 어느 정도인지도 모르는 상태이기 때문에 우리 주변에 얼마만큼 자주 오는지는 알 수 없지만 존재하기는 합니다. 아까도 말씀 드렸듯이, 암흑물질은 우리 몸을 통과해 빠져나가기 때문에 지금 이 순간에도 빠져나가고 있을

우주가 정말 하나뿐일까?

겁니다.

질문 태양 내에서 핵융합이 일어난다는 것은 중성미자를 통해 확인되었다는 얘기에 대해 질문하겠습니다. 빛의 스펙트럼에서 빛이 결여된 부분이나 강조된 부분을 조사하여 그 안에 어떤 물질이 있는지 알 수 있다는 내용이 있었는데, 그런 방법으로 우주 공간에 퍼져 있는 물질을 검출하고 있다면 지구상에 존재하는 물질이면서 분광스펙트럼으로 탐지할 수 있는 것만 검출할 수 있는 건 아닌가요?

무라야마 사실 스펙트럼 분석을 통해 지구상에 알려지지 않았던 물질이 발견된 예가 있습니다. 헬륨은 지금은 누구나 아는 원소지만 원래는 지구에서는 발견된 적이 없었습니다. 그런데 태양에서 오는 빛을 자세히 관찰해 보니 지구에도 같은 게 있었던 거죠. 그게 바로 헬륨입니다. 헬륨의 헬은 그리스어로 태양이라는 뜻이라고 합니다. 태양에서 온 원소라는 뜻이겠네요.
　만약 별을 관측하는데 처음 보는 선이 있다면 새로운 원소가 있다는 얘기인데, 아직 그런 경우는 없었습니다.

질문 이 우주 공간에서 초신성 폭발이 반복돼 다양한 원소가 생성됨으로써 지금의 지구상에 있는 물질과 우리가 아는 물질이 존재하게 된 건가요?

무라야마 네, 그렇습니다.

질문 암흑물질은 우리가 알고 있는 지구상의 물질과는 다른 물질이고요?

무라야마 암흑물질이 보통의 원소라 하면, 예를 들어 은하단끼리 충돌했을 때 보통의 원소는 반응을 하므로 암흑물질이 있는 부분도 보일 겁니다. 하지만 그렇지 않고 그대로 빠져나간다는 것은 보통의 원소는 아니라는 뜻입니다.

질문 암흑물질은 구의 형태로 분포하는 것처럼 보이는데, 원반이라든가 다른 형태는 되지 않나요?

무라야마 사실, 중력으로 서로를 당기면서 원반 형태를 유지한다는 것은 어려운 일입니다. 원반의 형태가 조금이라도 일그러지면 완전히 산산조각이 나기 때문입니다. 은하에서 원반이 빙글빙글 돌 수 있는 것은 암흑물질이 구의 형태로 분포하면서 전체적으로 구의 형태를 유지하고 있기 때문입니다. 그러면 그 안에 원반을 넣어도 무사히 돌 수 있는데, 암흑물질을 납작하게 눌러버리면 바로 깨집니다.

3

우주의
대규모 구조

은하와 은하단 관측을 통해 그 존재가 밝혀진 암흑물질. 더 먼 우주까지 조사하니 암흑물질이 우주의 탄생에도 관련되어 있음을 알게 되었습니다. 이번 장에서는 현재 우주의 모습을 통해 우주가 어떻게 탄생했는지에 대해 생각해 보겠습니다.

우주의 농담濃淡

은하단이 모여 우주는 점점 대규모 구조가 되어갑니다. 이번에는 은하단보다 더 범위가 넓어 끝에서 끝까지 6.6억 광년입니다. 이 정도면 은하는 점이 되고 맙니다. 그리고 점이 된 은하가 어떤 모양으로 나열되어 있느냐 하면 선처럼 이어진 부분과 구멍이 뚫려 텅 빈 공간인 부분이 있습니다. 선처럼 이어진 부분은 필라멘트 구조라고 하고, 텅 빈 부분은 보이드거품라고 부르며 이런 구조를 우주의 대규모 구조라고 합니다.

범위를 더 넓혀 60억 광년까지 가보면 구멍이 뿅뿅 뚫린 곳이 있기는 하지만 대체로 균일한 편입니다. 크게 보면 우주는 어디를 오려내도 비슷한 모습이라고 할 수 있습니다. 이처럼 어디를 오려내도 균일하고 비슷한 성질을 갖는 것을 우주원리라고 합니다.

균질한 우주도 세세하게 보면 필라멘트와 보이드라는 구조를 가지고 있습니다. 그런데 이런 구조는 어떻게 생긴 걸까요? 컴퓨터 시뮬레이션으로 계산해 보니 재미있는 사실을 알게 되었습니다. 시뮬레이션이므로 암흑물질이 있는 우주와 없는 우주를 만들어 비교할 수 있습니다. 암흑물질이 있는 경우는 암흑물질이 중력으로 서로를 끌어당겨 모이므로 점점 농도의 차, 즉 농담이 생깁니다. 암흑물질이 많이 모인 곳은 중력이 강하기 때문에 거기에 보통의 원자로 된 물질이 흡입되어 은하가 생성되고 대규모 구조도 형성됩니다. 하지만 암흑물질이 없는 경우는 암흑물질의 농담도 생기지 않고 아무리 멀리 가도 똑같아 구별되지 않는 우주가 계속됩니다. 물론 별이나 은하도 생성되지 않습니다.

즉 암흑물질이 없으면 별이나 은하가 생기지 않고, 우리도 태어나지 않았을 거라는 얘기입니다. 그러므로 우주에 어째서 우리가 존재하는가라는 의문에 대한 답은 사실 암흑물질이 쥐고

우주가 정말 하나뿐일까?

있습니다.

컴퓨터 시뮬레이션은 자칫 잘못하면 옛이야기 같은 공상의 세계가 됩니다. 그런데 지난 몇 년 동안 컴퓨터의 성능이나 소프트웨어 기술, 그리고 이론적인 이해가 현격하게 발달한 덕에 시뮬레이션에 대한 신뢰도가 상당히 높아졌습니다. 컴퓨터로 우주의 탄생부터 현재까지를 시뮬레이션하여 거의 현재의 모습을 재현할 수 있게 된 것입니다. 신뢰도가 높은 시뮬레이션 결과는 관측할 수 없는 사항에 대해 그것이 어떻게 일어났는가를 생각하는 방법을 제시합니다.

현재의 연구 결과를 총동원한 결과, 암흑물질이 없다면 은하나 별, 지구, 그리고 우리 인간도 태어나지 못했을 것임을 알게 되었다고 할 수 있습니다. 우주에는 약 1,000억 개의 은하가 있는데, 그 하나하나가 암흑물질 덕에 탄생했다고 할 수 있습니다.

빅뱅 이후 남은 빛

지금 우리는 지구에서 한참 멀리 떨어진 우주를 보고 왔습니다. 먼 우주를 보는 것은 우주의 옛 모습을 보는 것과 마찬가지입니다. 우주의 크기는 광년이라는 단위를 사용했습니다. 1광년은 빛이 1년 만에 겨우 도달할 수 있는 거리입니다. 1광년 떨어진 천체에서 도달한 빛은 1년 전의 것이고, 지구에서 10억 광년 떨어진 은하를 본다는 것은 10억 년 전에 은하가 발한 빛, 즉 10억 년 전 우주의 상황을 보여줍니다. 이렇게 먼 우주를 보다 보면 무엇이 보일까요? 바로 빅뱅 당시 발생한 빛을 볼 수 있습니다. 뿐만 아니라 이 빛은 관측도 할 수 있었습니다.

이 빅뱅이 있어났을 당시의 빛을 자세히 조사하여 2006년 노벨 물리학상을 수상한 사람이 NASA의 천체물리학자인 존 매더John Cromwell Mather 박사와 캘리포니아대학교 버클리 캠퍼스의 조지 스무트George F. Smoot 박사입니다. 빅뱅은 지금으로부터 137억 년 전에 발생한 것으로 추정됩니다. 빅뱅이 일어났을 때는 육안으로 확인 가능한 빛이 많이 방출되었는데, 137억 년 동안 우주는 계속 팽창하면서 점점 커졌습니다. 그러자 우주 내에 있는 빛의 파장도 늘어나고 말았습니다. 그 결과, 빅뱅의 빛은 육안으로는 보이지 않는 전파가 되어버린 것입니다. 그 전파를 코비COBE라는 탐사기로 정밀 측정한 사람이 바로 존 매더 박사와 조지 스무트 박사였습니다. 그 측정 결과가 그림 3-1입니다.

물질이든 에너지든 온도가 있는 것은 빛을 발합니다. 즉 이 관측 결과는 우주 전체에 온도를 가지고 있는 것들이 광범위하게 분포한다는 증거가 됩니다. 우주에는 온도가 있고 지금의 우주 온도는 절대온도로 2.75K입니다. 이를 우리가 일반적으로 사용하는 온도로 바꾸면 -270.4℃가 됩니다. 이 절대온도 2.75K의 상태로 퍼져 있는 빅뱅의 흔적인 전파를 우주배경복사라고 합니다.

그림 3-1을 자세히 보면 알겠지만, 우주배경복사는 균일하지 않습니다. 약간 얼룩덜룩한 무늬처럼 보이죠. 이는 우주의 온도에 흔들림이 있다는 것을 말합니다. 이 흔들림은 정말 작아서 100미터 깊이의 바다에 1밀리미터 정도의 모래를 뿌린 정도에 불과합니다. 하지만 이 흔들림이 암흑물질의 농담을 유발하는 원인으로 지목되고 있습니다.

존 매더 박사와 조지 스무트 박사는 우주배경복사를 정밀 조사하여 우주 초기에 빅뱅이 일어난 증거를 포착했고 그 공적을 인정받아 노벨상을 받았습니다.

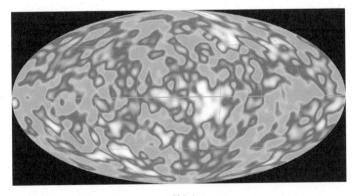

그림 3-1
우주배경복사. 우주는 거의 한결같이 절대온도 2.75K이다.
이것은 빅뱅이 일어났다는 증거가 되었다.(NASA, COBE Project, DMR)

우주의 대규모 구조

우주는 팽창하고 있다

우주배경복사 관측을 통해 알게 된 것은 이뿐만이 아닙니다. 빅뱅 당시, 이 우주배경복사는 사람의 눈으로 볼 수 있는 빛이었습니다. 그랬던 것이 137억 년이 흘러 전파가 되었다는 것은 그만큼 파장이 늘어났다는 것을 의미합니다. 여기에서 우주가 팽창하고 있다는 사실을 알 수 있습니다.

우주가 팽창하면 우주 전체의 온도는 점점 내려가 차가워집니다. 현재 크고 차갑다는 것은 과거로 거슬러 올라가면 옛날의 우주는 작고 뜨거웠다는 말이 됩니다. 그 뜨거웠던 당시에 방출된 빛의 흔적이 우주배경복사입니다. 이 우주배경복사는 말하자면 우주가 38만 살이었을 때의 스냅 사진 같은 것입니다. 왜 38만 살이었을 때냐 하면, 그때 빛이 우주를 가로질러 직진할 수 있게 되었기 때문입니다.

38만 살이 되기 전의 젊은 우주는 뜨거웠습니다. 얼마나 뜨거웠냐 하면 원자가 온전히 있지 못하고, 전자와 원자핵이 뿔뿔이 흩어질 정도로 뜨거웠습니다. 게다가 밀도도 높았습니다. 우주 자체도 작았기 때문에 우주에 존재하는 수많은 것들이 응축되어 있었습니다. 전자의 방해를 받아 빛은 직진하지 못하고 좁은 곳에 갇힌 듯한 상태가 되었습니다.

그런데 빅뱅 이후, 우주가 팽창하기 시작했기 때문에 38만 년

우주가 정말 하나뿐일까?

이후로는 전자와 원자핵이 결합되어 빛이 방해받지 않고 직진할 수 있게 되었습니다. 이것을 두고 '우주가 맑게 개었다' 또는 '우주가 투명해졌다'고 합니다. 그러므로 우리는 지금, 38만 년일 때 온 빛을 볼 수 있습니다. 그 옛날 뜨겁고 젊었던 우주를 선명하게 말이죠. 다만, 우리가 망원경으로 볼 수 있는 것은 생후 38만 년 이후의 우주까지입니다. 그 이전은 빛이 직진하지 못했으므로 보이지 않습니다. 더 어린 우주를 알고 싶다면 다른 관측 방법을 발견하는 수밖에 없겠죠.

우주의 구성 요소

그런데 젊은 시절의 우주가 왜 중요한 걸까요? 당시의 우주의 모습을 필자의 동료인 스기야마 나오시杉山直는 우주 교향곡이라 표현합니다. 왜냐하면 우주의 초기는 소리로 넘쳐났기 때문입니다.

빅뱅 직후에는 암흑물질과 빛이 많았습니다. 암흑물질은 큰 중력으로 서로를 끌어당기므로 밀도가 높은 곳을 더 높게 만들려고 합니다. 한편, 빛에도 약간의 압력이 있습니다. 압력이 있다는 것은 모여오는 것을 다시 밀쳐낼 힘이 있다는 뜻입니다.

암흑물질이 당기고 빛이 다시 밀쳐내면, 당겼다 밀었다 하는 진동이 생깁니다. 물질의 진동이란 바꿔 말하면 '소리'와 같습니다. 우리 귀에 들리는 소리도 물질이 진동하여 발생합니다. 그것이 공기를 진동시켜 우리 귀로 들어옵니다. 이와 마찬가지로 빅뱅 직후의 우주도 물질이 진동하면서 소리로 가득하게 됩니다. 많은 물질이 진동하며 다양한 음색이 섞였기 때문에 교향곡이라 부른다고 합니다. 원래 우주 초기의 소리라는 것은 우리가 듣는 소리와는 약간 달라 빛 같은 것이 흔들리는 것을 가리킵니다. 아까 우주배경복사에 흔들림이 있다고 했는데, 이 흔들림이야말로 우주의 교향곡입니다.

교향곡은 물리학자에게는 아주 고마운 존재입니다. 소리의 전달 방법은 전달하는 것, 즉 매질에 의해 바뀝니다. 공기는 밀도가 적기 때문에 초속 340미터 정도로 비교적 천천히 전달합니다. 그런데 책상이나 금속처럼 딱딱한 것은 전달 속도가 빠릅니다.

소리의 전달 방법은 무엇으로 전달하느냐에 달려있기 때문에 우주의 초기에도 소리가 어떻게 전달되었는가를 조사하면 그때 소리를 전달한 것이 무엇이었는지 알 수 있습니다. 우주배경복사의 경우도 흔들림을 조사하다 보면 그 흔들림을 전달한 것이 무엇인지 알 수 있는 것입니다. 그 결과, 이 우주의 90% 이상이 암흑물질이나 암흑에너지였다는 결론에 이르렀습니다. 우주배경복사의 흔들림을 통해 이 정도의 정보를 얻었으니 물리학자들에게는 무척이나 고마운 존재죠.

이처럼 우주배경복사에 대해 상세히 연구 조사한 것이 미국이

쏘아 올린 인공위성 더블유맵WMAP입니다. 현재는 유럽의 플랑크 Planck라는 위성이 더 자세히 탐사 중입니다. 우주배경복사 이른바 빅뱅 이후 남은 빛을 꼼꼼하게 분석하면 어떤 것들이 우주를 구성하는지 알 수 있습니다. 그리고 그것은 이 책의 도입부에서 이야기한 원자 4.4%, 암흑물질 약 23%, 암흑에너지 약 73%입니다.

암흑물질과 우주의 시작

우주배경복사는 탄생으로부터 38만 년 후, 즉 38만 살이었을 때의 우주에서 방출된 빛입니다. 거기까지 우주의 역사를 거슬러 올라갈 수 있는 것입니다. 하지만 우리는 당연히 더 오래전으로 거슬러 올라가 우주의 시작을 알고 싶습니다.

현재, 실험 등을 통해서는 밝혀지지 않았지만 우주가 태어나고 10^{-34}초 후에 빅뱅이 일어나고 3분 동안 헬륨 등의 원자핵이 만들어진 것으로 추측하고 있습니다. 이 정도까지는 대체로 그랬을 거라고 체계적으로 추정할 수 있는 수준까지는 왔습니다. 암흑물질도 이 무렵에 만들어진 것으로 추측되는데 현재로서는 이를 직접적으로 증명할 방법은 없습니다.

그래서 생각해낸 것이 가속기를 사용한 실험입니다. 굉장히 큰 에너지를 받아들일 수 있는 가속기로 작은 입자를 가속하여 충돌시키면, 아주 순간적이지만 우주 초기와 같은 상태가 만들

우주의 대규모 구조

어지지 않을까 기대하고 있습니다. 그래서 만약 암흑물질이 관측되면 지금까지 수수께끼에 싸여있던 것의 정체가 밝혀질 것입니다. 다음 장에서는 암흑물질을 찾기 위한 노력의 현주소를 추적해 보도록 하겠습니다.

Q&A

질문 현재 얼마나 먼 우주까지 볼 수 있나요?

무라야마 300억 광년 앞의 은하까지는 볼 수 있습니다. 이만큼 멀리 떨어져 있으면 아주 흐린 빛밖에 보이지 않지만 포착은 됩니다. 하지만 350억 광년보다 더 앞은 별도 은하도 없기 때문에 암흑시대라 불리죠.

질문 우주의 나이는 137억 년이니까 우주가 빛의 속도로 확산되었다면 지름이 300억 광년 이상은 안 되는 거 아닌가요? 어떻게 300억 광년 앞의 은하가 보이는 거죠?

무라야마 우주가 생성된 것은 137억 년 전이므로 137억 년 전에 빛이 방출되어 우리 쪽으로 왔다고 합시다. 그 빛을 우리가 봤을 때, 그 빛을 방출한 광원 자체는 그 자리에 머물러 있는 게 아니라 점

우주가 정말 하나뿐일까?

점 멀어집니다. 그러므로 광원이 그 자리에 계속 있었다면 137억 광년보다 더 먼 우주는 없겠지만 광원이 멀어졌으니 137억 광년보다 먼 우주가 존재하는 것입니다.

칼럼
—

만물을 만드는 소립자

우주에 관해 깊이 이야기하다 보면 얘기는 결국 우주는 무엇으로 이루어져 있을까로 귀결됩니다. 물질에 관한 연구는 우주 관련 연구와는 별도로 발전해 왔습니다. 우리 눈에 보이는 물질은 원자로 이루어져 있습니다. 원자아톰라는 이름은 고대 그리스 시대의 개념으로 더 이상 쪼갤 수 없는 입자를 의미하는 단어에서 유래하는데, 이후의 연구를 통해 원자는 더 작은 입자로 쪼갤 수 있다는 사실이 밝혀졌습니다.

현재는 물질은 쿼크, 전자, 중성미자 등으로 이루어진다는 사실이 밝혀졌고, 그런 입자들을 소립자라고 부릅니다. 쿼크는 처음에는 두 종류만 발견되었습니다. 그런데 연구가 진행되면서 수가 증가해 지금은 여섯 종류가 확인된 상태입니다. 또 전자와 중성미자 역시 비슷한 소립자가 두 종류씩, 총 여섯 종류 존재한다는 사실이 밝혀졌습니다.

힘의 원천도 소립자

그리고 소립자는 물질뿐만 아니라 힘도 생성합니다. 세상에는 수많은 힘이 작용하는 것처럼 보이지만 이 우주에 작용하는 힘을 분류해 가면 중력, 전자기력, 강한 힘, 약한 힘의 네 가지로 나눌 수 있습니다. 중력과 전자기력은 일상에서도 듣는 이름이라 어떤 힘인지 쉽게 상상할 수 있겠지만, 강한 힘과 약한 힘은 뭘까 궁금해할 것 같습니다. 이 두 힘은 정확히는 강한 핵력, 약한 핵력이라고 합니다. 원자핵보다도 짧은 거리에서만 작용하는 힘이므로 우리가 일상적으로 경험할 수는 없지만 이 두 힘은 원자를 만들거나 붕괴시키는 데 중요한 역할을 합니다.

힘과 소립자는 언뜻 보기에 아무런 관계도 없는 것 같지만 사실은 깊은 관계가 있습니다. 힘은 두 물질 사이에서 작용하는 상호작용입니다. 물질과 물질 사이에서 힘이 어떻게 작용하는가를 조사하니 힘이 작용하는 물질 사이에서 소립자의 캐치볼이 이루어지고 있었습니다. 이때 캐치볼 되는 소립자는 보손이라 불리며, 쿼크나 전자 같은 물질을 만드는 소립자와 별도의 그룹으로 나뉩니다. 참고로 물질을 만드는 소립자 그룹은 페르미온이라고 합니다.

우주의 수수께끼를 풀 열쇠를 쥐고 있는 미발견 소립자

전자기력은 광자, 강한 힘은 글루온, 위크 보손 등 각각의 힘이 작용할 때 주고받는 보손도 하나 둘 발견되었습니다. 하지만 유일하게 중력을 전달하는 입자만 아직 발견되지 않고 있습니다. 네 개의 힘 가운데 세 개가 입자에 의해 힘이 전달되는데 중력만 그렇지 않다고 생각하는 것은 부자연스럽습니다. 역시 중력을 전달하는 입

우주가 정말 하나뿐일까?

자가 있을 것입니다. 물리학자들은 이 입자를 중력자$_{graviton}$라 명명하고, 아마 존재할 거라고 예측하고 있습니다.

또한 소립자에는 페르미온, 보손 외에 다른 그룹이 하나 더 있는데, 그것은 바로 모든 소립자에 질량을 부여하는 역할을 하는 힉스 입자입니다. 현재의 소립자 이론에서는 모든 소립자의 질량은 제로라는 전제가 있습니다. 하지만 쿼크나 전자는 소립자임에도 불구하고 질량을 가진다는 사실이 실험을 통해 밝혀졌습니다. 실험 결과와의 사이에 모순이 생기면 소립자 이론 자체가 성립되지 않기 때문에 물리학자들은 힉스 입자라는 것을 등장시켰죠.

질량이 크면 소립자는 공간 안에서 움직이기 어려워지기 때문에 질량은 소립자의 거동을 불편하게 한다고 바꿔 말할 수 있습니다. 그렇게 생각하면 공간에 소립자의 움직임을 어렵게 만드는 특별한 입자가 가득하고, 그 입자가 소립자의 움직임을 방해한다면, 소립자는 광속으로 날아다닐 수 없게 되어 질량이 제로인 소립자가 질량을 갖는 것처럼 보입니다. 그리고 공간에 가득할 것으로 생각되는 입자가 바로 힉스 입자입니다.

힉스 입자는 2012년에 발견되었고 중력자와 마찬가지로 소립자 이론상으로 존재할 수밖에 없는 입자입니다. 만약, 중력자나 힉스 입자가 없다면 소립자 이론을 다시 써야 하는데, 영향은 그것만으로 그치지 않습니다. 만약 그렇다면 우주의 전체적인 구조가 바뀔 정도의 거대한 사건이 될 것입니다.

우주의 대규모 구조

4

암흑물질의
정체를 찾아서

암흑물질이라는 이름을 붙여버리면 암흑물질이라는 것이 있다는 착각을 일으키기 쉽습니다. 암흑물질은 그 내용물을 알 수 없기 때문에 할 수 없이 그렇게 부르고 있는 가명입니다. 이번 장에서는 각국의 연구자들이 몰두하여 연구하고 있는 암흑물질에 대해 이야기하겠습니다.

암흑물질의 후보

암흑물질의 정체는 아직도 밝혀지지 않았습니다. 전 세계 과학자들이 열심히 연구하고 있지만 여전히 수수께끼로 남아 있죠. 하지만 암흑물질의 후보로 거론되었다가 암흑물질이 아닌 것으로 판명된 물질은 몇 가지 있습니다.

암흑물질의 정체를 찾아서

앞서 설명했듯이 암흑물질은 우리가 알고 있는 원자나 소립자가 아닙니다. 하지만 '갈색 왜성이나 블랙홀처럼 어두워서 보이지 않는 천체가 아닐까?'라고 생각하는 사람들도 있었습니다. 이처럼 눈으로 확인할 수 없는 천체를 영어로 '마초MACHO'라 부릅니다. 좀 장난스럽죠? 마초는 'Massive Compact Halo Object'의 머리글자를 따서 만든 이름인데, '은하 헤일로에 있는 무거운 물질'이라는 뜻입니다. 이렇듯 은하 가운데는 어두워서 보이지 않는 천체가 있을 거라 생각하는 사람들이 많았고, 실제로 이 논리를 검증하는 방법이 존재했습니다.

검증에는 대마젤란 은하가 이용되었습니다. 대마젤란 은하에 있는 천체 100만 개 정도를 관측하다 보면 마초가 지구와 대마젤란 은하 사이를 가로지르는 경우가 종종 있습니다. 눈에는 보이지 않지만 중력이 큰 천체가 지나가면 중력렌즈 효과를 일으켜 빛을 굴절시킴으로써 한 곳에 모이게 합니다. 그러면 일시적으로 빛을 발하다가 그 천체가 통과하고 나면 원래 상태로 돌아옵니다. 과학자들은 검증을 위해 이런 현상을 찾아 연구했습니다.

그리고 관측 결과, 어두운 천체는 필요한 암흑물질의 양보다 훨씬 가볍다는 사실을 알게 되었습니다. 마초의 무게가 태양과 동일하다고 가정했을 때, 그 질량은 은하의 10%에도 미치지 못했던 것입니다. 물론 어두운 천체가 암흑물질의 극히 일부를 구성할 수도 있지만 그렇다 해도 총량이 너무 적었습니다.

암흑물질의 두 번째 조건은 차가워야 한다는 것입니다. 암흑물질은 모여서 은하를 만드는 중요한 역할을 합니다. 우주에 은하라는 구조가 만들어진 것은 우주가 탄생한 지 약 6억 5천만 년 무렵으로 추정되고 있습니다. 그런데 이때 암흑물질이 뜨거웠다면 어땠을까요? 뜨거운 상태에서는 입자가 마구 날아다니기 때문에 한 곳에 모이기가 어렵습니다. 물질이 한 곳에 모이려면 입자의 움직임이 느려야 하는데 물리학에서는 이렇게 천천히 움직이는 상태를 차갑다고 표현합니다. 따라서 암흑물질이 차가워야 한다고 하면, 그것은 천천히 움직이는 무거운 것이라는 의미가 됩니다. 게다가 이런 성질은 우주 탄생 초기 단계부터 지금까지 계속되고 있습니다.

또 암흑물질은 전기를 띠면 안 됩니다. 암흑물질은 은하단끼리 충돌했을 때도 전혀 부딪히지 않고 그대로 통과합니다. 물질은 전기가 있으면 다른 물질과 반응하게 되므로 전기도 없어야 합니다.

자, 이제 암흑물질의 입자 하나하나의 무게에 대해 생각해 봅시다. 지금까지 밝혀진 바로는 암흑물질 입자 하나의 질량은 양성자 하나의 질량에 대해 10^{-31}배부터 10^{50}배까지의 범위 안에 있습니다. 이는 소립자처럼 굉장히 가벼울 수도 있고, 우리의 눈에 보일 정도로 굉장히 무거운 것일 수도 있다는 뜻입니다. 중량의 범위가 정해졌으니 이제 대략의 무게 정도는 알 것 같지요? 하지만 암흑물질 입자 질량의 최소치와 최대치는 81 자릿수만큼이나 차이가 납니다. 한마디로 무게는 짐작도 하지 못하는 거죠.

암흑물질의 성질을 두고 유령 같은 입자라는 말을 자주 합니다. 우리가 알고 있는 입자들은 다른 입자와 충돌하면 반응을 하지만 암흑물질은 부딪혀도 아무런 반응 없이 그냥 통과해 버리기 때문입니다.

이런 특징은 중성미자와 매우 흡사합니다. 그래서 암흑물질은 중성미자가 아닐까 추측되기도 했습니다. 우주에는 중성미자 같은 소립자가 많습니다. 사실 우주에서 가장 흔한 소립자가 중성미자입니다. 우주에는 1세제곱미터의 공간에 약 3억 개의 중성미자가 있습니다. 아무것도 없는 것처럼 휑한 우주 공간에서도 1세제곱센티미터, 그러니까 각설탕 한 개 크기만 한 공간에 300개의 중성미자가 있는 것입니다.

중성미자의 존재가 밝혀진 뒤 오랫동안 중성미자에는 중량이 없다고 여겨져 왔습니다. 그러나 고시바 마사토시小柴昌俊 박사의 제자인 도쓰카 요지戸塚洋二 박사팀이 슈퍼 가미오칸데를 이용해 중성미자에 중량이 있다는 사실을 밝혀냈습니다(중성미자에 중량이 있다는 사실을 밝혀 낸 가지타 다카아키와 아서 맥도날드가 2015

년 노벨물리학상을 수상했다. 가지카 교수는 도쓰카 요지 교수(2008년 사망)의 제자로 같은 실험에 참가했다-감수자). 우주에 가장 많은 소립자는 중성미자이므로 조금이라도 중량이 있다면 입자 하나하나가 아무리 가벼워도 암흑물질과 동등한 에너지가 되지 않을까 생각했던 것입니다. 티끌 모아 태산이라는 말처럼 말입니다.

그러나 중성미자의 중량은 기대했던 것보다 작았습니다. 중성미자의 중량은 전자의 100만 분의 1도 되지 않아서, 전부 합해도 우주 전체 에너지의 0.1~1.5% 정도입니다. 이 정도로는 우주 전체 에너지의 23%를 차지하는 암흑물질의 에너지양이 될 수 없다는 사실이 분명해졌습니다.

최근 관측 결과, 은하단 내부의 암흑물질은 구의 모양이 아닌, 옆으로 길쭉한 모양으로 분포한다는 사실을 알게 되었습니다. 게다가 장축과 단축이 2대 1의 비율로 크게 왜곡된 타원형인 경우가 많습니다. 이렇듯 암흑물질은 눈에 보이지는 않지만 어디에, 얼마나 분포하고 있는지 알 수 있게 되었습니다. 하지만 그 성질은 아직까지 밝혀지지 않았습니다. 다른 물질은 물론 자기 자신과도 거의 반응하지 않는다는 사실은 알았지만, 다른 물질과 전혀 반응하지 않는 것인지 아니면 중성미자처럼 약하게는 반응하는 것인지, 이런 중요한 성질에 대해서는 아직 아무것도 밝혀지지 않았습니다.

그렇다면 암흑물질의 나이는 몇 살일까요? 암흑물질은 우주가 탄생한 직후부터 지금까지 존재하고 있으니 우주 나이와 같은 137억 년이거나 그 이상이라는 것, 그리고 언젠가는 붕괴될지도 모른다는 것. 현재 우리가 암흑물질에 대해 알고 있는 것은 여기까지입니다.

첫 번째 후보는 겁쟁이

이렇게 여러 정보를 모아보니 암흑물질은 정말 미지의 물질이며 알려지지 않은 것 투성이입니다. 하지만 물리학자들은 알려지지 않았다고 해서 거기서 포기하지는 않습니다. 알려지지 않은 대로 암흑물질 후보들을 생각하고 있죠. 지금, 후보 1순위로 꼽히는 것은 미스터 겁쟁이입니다. 진짜 이름은 '윔프WIMP'입니다. 이 WIMP라는 단어는 '약하게 상호작용하는 무거운 입자Weakly Interacting Massive Particles'의 머리글자를 딴 것입니다.

암흑물질은 중성미자 이상으로 다른 물질과 반응하지 않고 지구도 바로 통과해 빠져나가는 물질입니다. 전자나 중성미자 같은 작은 입자로 예측되지만 반응은 하지 않는, 무거운 소립자일 거라 추정하고 있습니다.

여기서 아인슈타인이 도출한 유명한 공식 $E=mc^2$를 생각해 봅시다. 이 공식은 무게와 에너지가 교환 가능하다는 것을 나타냅니다. 즉 무거운 소립자를 만들려면 큰 에너지를 쏟아부어야 합니다. 우주에는 많은 암흑물질이 존재해도 아직 실험실에서는 만들지 못하는 이유가 바로 이 때문입니다. 무거운 소립자를 만들려면 그 무게에 맞는 에너지가 필요한 거죠.

소립자를 인공적으로 만들려면 가속기를 만들어 양성자 등을 가속, 충돌시키는 방법을 이용합니다. 이 방법으로 암흑물질을 만들려면 매우 큰 가속기가 필요합니다. 그렇다면 우주에서는 어떻게 암흑물질이 만들어진 걸까요? 우주에 거대한 에너지가 존재했던 시기는 우주 탄생 직후였습니다. 당시 우주는 무척 작고 뜨겁고 어마어마한 에너지로 가득했습니다. 그래서 무거운 소립자도 만들어졌을 것입니다. 따라서 대부분의 연구자는 암흑물질은 우주 초기에 만들어졌을 것으로 추측합니다. 우주 초기에 생성된 소립자는 대부분 소멸했지만 과학자들은 그 일부가 암흑물질의 형태로 남은 거라고 생각하는 거죠.

$E=mc^2$에 의하면 에너지$_E$가 많으면 질량$_m$이 큰 무거운 입자를 만들 수 있으므로 빅뱅 직후의 뜨거운 우주에서는 무거운 소립자도 많이 만들어졌을 거라고 추측할 수 있는 것입니다.

그런데 우주는 팽창함에 따라 점점 식어갑니다. 우주가 확장되면 밀도는 낮아지고 온도는 내려갑니다. 온도가 내려가면 에너지도 점점 사라지기 때문에 암흑물질 같은 무거운 소립자는 시간이 지나면 만들어질 수가 없습니다. 게다가 암흑물질은 수명이 상당히 길 것으로 추측되고 있기 때문에 소립자가 감소한다면, 그것은 파괴로 인한 감소가 아니라 상호 반응을 통한 소멸일 것이라는 시나리오입니다. 암흑물질은 유령 같아서 반응하지 않는다고 여러 차례 얘기했지만, 아주 조금은 반응을 하여 보통의 물질로 변했다고 합니다.

최초에 빅뱅에 의해 생긴 무거운 소립자는 점점 소멸하며 감소하는데, 수가 줄다 보면 어느 시점을 경계로 눈에 띄지 않게 됩니다. 그러면 더 이상 소멸도 할 수 없으므로 그 다음은 남게 됩니다. 그것이 빅뱅으로부터의 생존이며 우주의 미스터 겁쟁이, 윔프WIMP입니다.

윔프의 정체

유력한 암흑물질 후보인 윔프란 어떤 입자일까요? 다시 한번 강조하지만 윔프라는 것은 '약하게 상호작용하는 무거운 입자'를 가리킬 뿐 특정 입자의 이름은 아닙니다. 그렇다면 윔프에는 구체적으로 어떤 입자가 있을까요?

바로 얼마 전까지 윔프의 후보로 거론되었던 입자가 중성미자입니다. 중성미자는 원래 무게가 없다고 알려져 있었는데 슈퍼 가미오칸데로 관측한 결과 무게가 있다는 사실이 밝혀졌습

우주가 정말 하나뿐일까?

니다. 다만, 무게가 있다고 해도 암흑물질의 에너지에는 한참 못 미치는 정도라 중성미자는 암흑물질 후보 목록에서 제외되었습니다.

그런데 중성미자는 무게 외에도 암흑물질이 될 수 없는 약점이 하나 더 있었습니다. 그것은 바로 속도입니다. 중성미자는 빛과 거의 비슷한 속도로 이동합니다. 이처럼 속도가 빠르기 때문에 뜨거운 입자라고 불립니다.

최근 연구 결과에 따르면 탄생 직후의 우주에서 암흑물질의 분포에 약간의 얼룩이 있었기 때문에 우주의 대규모 구조가 만들어졌다고 합니다. 만약 속도가 빠른 뜨거운 입자가 암흑물질이라면 초기에 존재했던 약간의 얼룩을 지워버릴 가능성이 있습니다. 속도가 빠르면 항상 이동하기 때문에 얼룩이 전체적으로 균일해집니다.

암흑물질에 생긴 얼룩이 그대로 남기 위해서는 암흑물질의 속도가 느려야만 합니다. 현재는 속도가 느린 차가운 윔프가 진짜 암흑물질일 거라 추측되고 있습니다. 차가운 윔프도 종류가 많은데 암흑물질 후보일 것으로 기대되는 것이 액시온Axion과 뉴트 랄리노Neutralino입니다. 둘 다 익숙하지 않은 이름이죠. 여러분이 낯설다고 느끼는 것도 당연한 것이 이 둘은 보통의 물질을 만드는 입자가 아닙니다. 이 입자들은 이론적으로 예견되어 있을 뿐,

암흑물질의 정체를 찾아서

실제로는 아직 발견되지 않았습니다.

다른 차원에서 왔다고?!

그렇다면 여기서 문제가 되는 것이 그런 입자가 과연 존재할까 하는 점입니다. 후보자의 이름은 알고 있지만 정말로 존재하는 지 어떤지도 의심스럽습니다. 암흑물질의 유력 후보자는 어떤 성질을 가진 입자일까요? 액시온이나 뉴트랄리노 이외에도 새로운 설이 제기되고 있습니다.

　예를 들어 다른 차원, 즉 여분의 차원에서 왔다는 설을 들 수 있습니다. 여분의 차원이라 하면 SF 같은 상상의 세계라는 인상이 있는데, 물리학에서도 진지하게 생각하는 개념입니다. 우리의 공간 인식은 3차원입니다. 거기에 시간을 더한 4차원 우주를 인식할 수 있는데, 우주에는 더 많은 차원이 있다고 생각하는 것입니다. 여기에 대해서는 6장에서 자세히 이야기하도록 하겠습니다.

　4차원을 넘는 차원이 어떤 형태를 하고 있을지도 생각해야 합니다. 여러 가설 중에 하나가 우리가 인식하고 있는 4차원 우주는 5차원 이상의 고차원 시공에 설치된 막膜 같은 존재라는 것입니다. 우리는 4차원 우주라는 막으로 존재하고 있고, 그 위에서 살고 있습니다. 우리가 알고 있는 입자는 그 막 위에서만 움직일 수 있으나, 막 안팎으로 자유롭게 드나드는 입자도 존재하며 그런 입자가 다른 차원에서 온 것일 수도 있다는 가설입니다.

예를 들면, 미국의 리사 랜들Lisa Randall 박사는 『숨겨진 우주 Warped Passages』라는 저서로도 유명한데, 그녀가 말하는 우주는 이 4차원의 막 두 개가 평행하게 마주보고 있고 그 사이에 공간이 있다는 것입니다. 그리고 이 공간이 워프하고 있다, 즉 휘어져 있다고 말합니다. 이 휘어짐은 한쪽이 작고 다른 한쪽이 큰 이상한 모양을 하고 있습니다. 사실 이 주장은 지금 상당히 유력한 이론이며 진지하게 받아들여지고 있습니다.

그런데 이것이 암흑물질과 관계가 있느냐, 네, 관계가 있습니다. 지금 우리가 찾고 있는 것은 무거운 소립자입니다. 그런데 무거운 소립자란 것은 잘 생각해 보면 이상한 존재입니다. 무게가 있다는 것은 에너지가 있다는 얘기죠. 즉 무거운 소립자가 멈춰 있는 것만으로도 에너지가 있다는 뜻입니다. 아무것도 하지 않는데 에너지를 가지고 있다는 것은 이상한 얘기입니다.

암흑물질이 다른 차원에서 왔다는 설은 이런 의문을 해소시킬 수 있습니다. 사실 이 무거운 입자는 우리 눈에는 보이지 않는 차원을 날아다니고 있다고 예상하는 것입니다. 우리 눈에 그 차원은 보이지 않기 때문에 움직인다고는 생각하지 못하고 멈춰 있는 것처럼 보입니다. 하지만 3차원보다 높은 차원에서 보면 그 소립자는 날아다니고 있는 것입니다. 날아다닌다는 것은 운동 에너지를 가지고 있으므로 에너지가 높습니다. 이렇게 생각하면 '멈춰 있는데 에너지가 높은' 이상한 현상을 설명할 수 있습니다. 그러므로 여분의 차원에 있는 것이나 여분의 차원에서 온 생물만 약 있다면 등은 암흑물질이 됩니다.

앞서 나왔던 뉴트랄리노도 보이지 않는 차원에서 움직이는 입자지만, 이 경우는 다른 차원을 한 번 더 비틀어 양자론적인 차원이라는 설입니다. 자세한 설명도 없이 불쑥 양자론적인 차원이라고 말하면 잘 이해되지 않겠지만 신경 쓰지 않아도 됩니다. 양자론적인 차원이 있으면 초대칭이론超對稱理論에 의해 입자가 두 배로 많아집니다. 유력한 암흑물질 후보 중 하나인 뉴트랄리노는 초대칭 입자의 한 종류입니다.

암흑물질의 소리를 찾아서

이 암흑물질 후보들은 아직 가설 단계입니다. 이 후보들이 맞는지 아닌지 알기 위해서는 실제로 관측을 해봐야만 합니다. 암흑물질은 중성미자와 마찬가지로 아니, 그 이상으로 다른 물질과 반응하지 않습니다. 반응성이 낮은 것을 포착하려면 어떻게 해야 할까요? 반응이 그다지 빈번하게 일어나지 않는 조용한 장소로 가는 수밖에 없습니다.

우주가 정말 하나뿐일까?

시끄러운 도시에서는, 희미한 정도로만 들리는 아주 작은 소리는 들리지 않습니다. 그 소리를 들으려면 아주 조용한 장소로 가야 합니다. 암흑물질을 찾는 방법도 이와 아주 흡사합니다. 그렇다면 조용한 장소란 어디일까요? 바로 지하 깊숙한 곳이랍니다.

지상에는 우주로부터 많은 입자가 쏟아져 내립니다. 예를 들면 뮤온$_{muon}$이라는 입자는 우주에서 내려와 1초 동안 1,000개 정도가 우리 몸을 통과합니다. 이런 입자가 많기 때문에 암흑물질을 찾는 데 꽤나 방해가 됩니다.

하지만 지하로 가면 그런 입자의 방해를 받을 일이 없습니다. 지하에 실험실을 만들고 대단히 정밀한 관측 기기를 설치하면 몇 년에 한 번 정도는 암흑물질의 반응을 관측할 수 있을지도 모릅니다. 한가로운 얘기처럼 들리죠? 이런 시험은 이미 미국에서 실행됐습니다. CDMS라는 실험에서 미네소타 주의 광산 지하 700미터 정도 되는 곳에 실험 장치가 설치되어 있습니다. 여기서는 암흑물질을 찾기 위해 대단히 순도 높은 저마늄$_{게르마늄,}$ $_{germanium}$ 결정을 사용하는데, 결정은 원자가 아주 깔끔하게 배열되어 있습니다. 이런 곳에 암흑물질이 와서 반응하면 원자핵을 톡 하고 튕겨냅니다. 이 '톡' 소리가 주변의 원자에 도미노처럼 전해지기 때문에 이 소리를 포착하려는 것입니다. 글자 그대로 암흑물질의 소리를 듣기 위한 실험인 것입니다.

암흑물질의 정체를 찾아서

이 실험은 10년 이상 계속되고 있는데, 2009년 12월에 '암흑물질 추정 입자 탐지, 미국의 연구팀 발표'라는 신문 기사가 실렸습니다. 이 기사는 대대적으로 보도되었고 많은 사람의 관심을 끌었습니다. 이런 보도가 나오면 대부분의 사람은 암흑물질이 발견된 것처럼 생각하지만, 자세히 읽어보니 15년 동안 탐색한 결과, 그런 소립자가 2회 관측되었을지도 모른다는 내용이었습니다. 게다가 관측된 것이 진짜 암흑물질이었는지 아닌지도 확실하지 않았고, 잡음일 가능성이 23%나 되었습니다.

물리학에서는 틀릴 확률이 0.0001% 이하일 때만 새로운 소립자나 물질이 발견된 것으로 인정합니다. 틀릴 가능성이 23%나 되기 때문에 물리학적 관점으로는 말이 안 되는 얘기입니다. 이 실험에서는 15년간 축적된 실험에서 2회 있었을지도 모른다는 수준이니 암흑물질을 찾기 위해서는 더 큰 규모의 장치를 만들 필요가 있습니다. 장치의 규모와 포착 확률은 비례하므로 장치가 크면 클수록 암흑물질을 포착할 가능성도 커집니다.

사실 지금 일본에서도 암흑물질을 포착하기 위한 실험장치인 XMASS를 만들고 있습니다. 기후 현 가미오카 광산 지하 1킬로미터에 대형 관측장치를 설치 중입니다(XMASS는 2010년에 완공하여 시운전에 들어갔고, 문제점이 발견되어 2013년에 보수 완료했으며, 현재는 대형검출기 XMASS-1.5 개발 중임 - 옮긴이). 조금 전 소개한

우주가 정말 하나뿐일까?

미네소타의 CDMS 장치의 무게가 수 킬로그램인 데 반해 가미오카는 약 100킬로그램이나 됩니다. 이 정도 크기면 암흑물질을 포착할 기회도 더 많지 않을까요?

이 장치는 보통의 소립자는 들어오지 않도록 암흑물질을 포착하는 검출기를 물탱크 안에 넣습니다. 검출기 내에서 잡음이 나지 않도록 아주 깨끗해야 하므로 청정실에서 장치를 조립합니다. CDMS에서 포착한 소립자가 정말 암흑물질이었다면 가미오카 장치로는 1년 동안 수백 번 발견된다는 계산이 나오므로 정말 상당히 높은 확률로 기회가 있습니다.

지금 암흑물질을 포착하기 위한 실험은 전 세계적으로 진행되고 있는데, 실제로 성공한 경우는 없습니다. 연구자 중에는 성공했다고 주장하는 이들도 있지만 신빙성이 희박합니다. 다음 방법으로는 태양계 내의 지구의 움직임과 우리 은하 내의 태양계의 움직임에 대해 생각해 봅시다. 여름은 지구의 움직임과 태양계가 움직이는 방향이 같기 때문에 전체 은하계에 대한 지구의 속도는 상대적으로 빨라집니다. 거꾸로 겨울은 지구의 움직임과 태양계가 움직이는 방향이 반대가 되므로 전체 은하계에 대한 상대 속도는 느려집니다. 은하계에는 암흑물질이 많기 때문에 지구의 속도가 빠르면 암흑물질이 지구에 도달하는 속도가 빨라지고 양도 많아집니다. 지구의 속도가 느린 경우는 암흑물질이 지구로 향하는 속도는 느리고 양도 적어집니다. 즉 지구상에서 암흑물질을 관측하는 이상, 계절에 의해 암흑물질의 속도나 양이 변하기 때문에 그 차를 알 수 있다면 암흑물질의 정체를 밝힐 수 있을 것이라 예상한 것입니다. 한 이탈리아 연구팀은 8년 동안 지속적인 관측을 통해 그 차를 알아냈다고 발표했습니다. 하지만 다른 곳에서도 비슷한 관측이 많이 이루어지고 있는데 그 관측 결과들과 모순되는 점이 있고, 아직 그 이유를 설명하지 못하고 있는 실정입니다.

암흑물질 탐색의 과열 양상

암흑물질을 포착하려면 아무튼 큰 시설을 이용해 관측할 필요가 있습니다. 지구상에서는 아무리 커도 한계가 있습니다. 하지만 지구 주변을 둘러보면 가까이에 태양이 있습니다. 그래서 이 태양을 활용해 암흑물질의 존재를 확인하려는 사람들이 있습니다. 암흑물질 가운데 태양과 딱 하고 충돌하는 것이 나타나는 순간, 그것은 충돌로 인해 에너지를 잃고 태양 한가운데로 떨어지는 건 아닐까 예측되고 있습니다. 그런 암흑물질이 태양 한가운데에 하나 둘 모이면 우주의 탄생 초기처럼 서로 만나 소멸할 가능성이 높아집니다. 암흑물질이 소멸할 때 거기서 중성미자를 비롯해 많은 것들이 방출될 것으로 추측되기 때문에 그것을 포착하려는 것입니다.

우주 차원에서 보면 지구와 태양은 가깝다 해도 1억 5,000만 킬로미터나 떨어져 있고 중성미자 자체가 포착하기 어려운 소립자이기 때문에 그것을 포착하려면 정말로 거대한 장치가 필요합니다. 그래서 지금 남극의 모든 얼음을 장치 삼아 관측하려는 계획도 있습니다. 남극대륙의 얼음은 클 뿐만 아니라 대단히 두껍습니다. 두께가 평균 약 2,450미터이고 가장 두꺼운 곳은 후지산보다 높은 4,000미터나 됩니다. 이 얼음의 1제곱킬로미터 범위에 반지름 0.5미터, 깊이 2,400미터짜리 구멍을 뚫고, 깊이 1,400~2,400미터 되는 곳에 60개의 광학센서를 장착한 80대의 케이블을 매년 배치, 이를 6년 동안 반복하여 2011년에 검출기를 완성시켰습니다.

남극은 평균 기온이 -10℃인 추운 땅입니다. 온수를 사용해 얼음을 녹여 구멍을 뚫는 데 하루만 지나면 바로 다시 얼어붙습니다. 그래서 구멍을 뚫으면 재빨리 관측 기기를 넣어 작동이 되는지 확인하고 가동할 수 있도록 해야 합니다. 녹인 얼음이 다시 얼어붙으면 다시는 수리나 교환이 불가능하기 때문입니다. 이렇게 하여 설치한 관측 기기를 사용해 암흑물질끼리 충돌하여 생성된 중성미자를 포착하려 시도하고 있습니다.

이 밖에도 은하 중심에 모여 있는 암흑물질이 만나면 거기서

암흑물질의 정체를 찾아서

강한 빛이 방출될 거라는 생각으로 관측을 하는 연구팀도 있습니다. 또한 암흑물질 간의 반응에서는 반물질도 생성될 것으로 예상됩니다. 최근 그 반물질을 포착한 게 아니냐는 보고가 있었습니다. 이탈리아와 러시아 등을 중심으로 한 관측 위성 파멜라와 미국을 중심으로 한 감마선 관측 위성 페르미가 각각 반물질을 발견했습니다.

그런데 그 다음은 그 반물질이 암흑물질에서 왔다는 것을 증명해야만 합니다. 만약 두 관측 위성이 발견한 것이 반물질이라면 그 근처에 반물질 공장 같은 것이 있을 것으로 추측되는데, 그 정체는 아직 밝혀지지 않았습니다. 우리 주위에 있는 암흑물질이 우연히 만나 쌍소멸하여 생기는 것일 수도 있고, 그렇지 않을 수도 있습니다. 아직 확언할 수는 없는 상황입니다. 근처의 별이 방출하는 것일 수도 있습니다. 결론이 날 때까지는 조금 더 시간이 필요할 것 같습니다.

빅뱅의 재현

이처럼 여러 관측을 통해 많은 데이터가 나오면 필자를 포함해 이론물리학자들은 모델을 만들어 이론적으로 일어나고 있는 현상을 설명하려고 합니다. 이론 연구에서는 그 방법으로 암흑물질이 보이기 때문에 이런 실험을 해도 보일 거라는 식으로 새로운 검증 방법을 제안하는 경우도 있습니다. 지금까지 얘기한 것 같은 것들이 암흑물질의 증거로서 존재한다면 중성미자와 반물질 모두 포착할 수 있을지도 모릅니다. 전 세계의 수많은 연구자들이 이런 식으로 다양한 증거를 축적해 암흑물질이란 무엇인가를 밝혀가는 작업을 하고 있으니까요.

지금까지는 암흑물질의 발견과 관련된 이야기를 했는데, 여기서 암흑물질을 만드는 시도를 소개할까 합니다. 그 무대는 유럽입자물리연구소CERN가 건설한 '거대강입자가속기LHC'입니다. 스위스 제네바 교외의 지하에 길이가 27킬로미터나 되는 거대한 터널을 만들었고, 그 안에서 양성자가 고 에너지로 가속화되면서 서로 충돌합니다. LHC는 세계 최대 규모를 자랑하는 가속기로 양성자를 가속하는 에너지가 대단히 큽니다. 양성자에 가해지는 에너지가 크면 클수록 반응 에너지도 커집니다.

세계 최고의 가속기인 LHC가 목표로 하는 것은 빅뱅의 재현입니다. 가속기는 두 개의 양성자 빔을 쏘아 관측 장치가 있는 곳에서 정면 충돌시키도록 되어 있습니다. 두 빔을 아주 높은 에너지로 가속하면, 충돌했을 때 빅뱅이 일어났을 때와 같은 에너지를 해방시킬 것입니다. 그때 무슨 일이 일어나는지를 관측하면 빅뱅 당시 이 우주에 일어난 일을 알 수 있을 것으로 예상하고 있습니다. 물론 암흑물질도 생성되지 않을까 하는 기대도 있습니다.

가속된 양성자를 충돌시키면 수많은 입자가 만들어집니다. 순간적으로 끝나버리는 그 찰나에 무슨 일이 일어났는지 모두 기록하고 조사하려면 기록 장치의 규모도 커질 수밖에 없습니다. LHC 관측장치는 커다란 5층 빌딩보다 더 큽니다. 크기로만 말하면 슈퍼 가미오칸데를 옆으로 눕힌 모습입니다. 이렇게 큰 장치를 이용해 소립자를 충돌시켰을 때의 모습을 면밀히 조사해가다 보면 눈에 보이지 않는 암흑물질이 만들어진 증거를 포착할 수 있을 것입니다. 그리고 장래에는 일본에서 선형가속기Linear Collider라는 새로운 가속기를 만들어 빅뱅으로 인해 일어난 일을 더욱 상세히 조사할 계획입니다(가속기 설치 장소 등은 결정되었으나 실제 건설 일정 등은 여전히 논의 중임-감수자).

우주 게놈 계획

지금까지 암흑물질에 대해 얘기했는데 물리학자들은 결론적으로 무슨 일을 하고 있는 걸까요? 한마디로 하면 암중모색입니다. 이런 표현이 듣기 거북할지도 모르지만, 그러니까 실험이나 관측을 통해 얻은 사실을 연결해 모순이 없는 설명을 만드는 일을 하는 것입니다.

우주를 관측하여 암흑물질이 없으면 안 된다는 사실을 알았고, 실제로 암흑물질이 있다는 증거를 포착하려고 관측에 더욱 박차를 가하고 있습니다. 또한 다른 접근 방법으로는 가속기로 암흑물질 자체를 만들려고 하고 있습니다. 여기서 얻은 결과들을 대조하다 보면 서서히 암흑물질의 모습이 보일 것입니다. 데이터가 축적되다 보면 암흑물질의 정체가 밝혀질 것입니다. 정체가 규명되면 비로소 암흑물질이 어디서 왔는지, 여분의 차원에서 왔는지 어떤지를 검토할 수 있습니다. 지금은 암흑물질의 정체를 폭로하기 위한 증거가 되는 관측이나 실험 데이터가 나오기를 기다리는 시점인 것입니다.

암흑물질의 정체가 밝혀지는 것은 우주물리학에 있어 대단히 큰 의미가 있습니다. 암흑물질이 무엇인지를 규명할 수 있으면 암흑물질이 만들어진 당시의 우주, 즉 태어난 지 100억 분의 1초 후의 우주의 모습을 알 수 있게 됩니다. 가속기를 사용해 암흑물질을 만드는 일은 마치 타임머신을 타고 갓 태어난 우주의 모습을 보러 가는 여행과 같습니다.

그런데 암흑물질의 정체를 알게 되고, 우주의 초기 모습을 알면 우주에 관한 의문이 다 풀리는 걸까요? 사실은 아직 더 큰 문제가 남아 있습니다. 우주의 탄생에서 현재의 대규모 구조가 만들어지기까지, 우주는 어떻게 성장해 왔을까요? 이 문제는 컴퓨터 시뮬레이션으로 어느 정도 알게 되었지만 실제로는 어땠는지 궁금합니다.

우주의 기원과 운명을 조사하기 위해서는 어떻게 해야 할까요? 결론부터 말하면 먼 곳을 보는 수밖에 없습니다. 빛은 이 우주에서 가장 빠른 존재지만 무한히 빠르지는 않습니다. 빛이 도달하기까지는 일정 시간이 걸리고, 멀면 멀수록 과거에 방출된 빛을 보게 됩니다. 먼 우주를 보는 것은 과거의 우주를 보는 것과 마찬가지인 거죠.

게다가 먼 우주의 암흑물질이 더 궁금합니다. 과거 우주에 존재했던 암흑물질 지도를 만들 수 있다면 암흑물질이 어떻게 진화하여 지금의 대규모 구조를 만들기에 이르렀는지 그 과정이 보일 것입니다. 그러기 위해서는 먼 우주에서 중력렌즈 효과를 사용한 대규모 관측을 할 필요가 있습니다.

그래서 필자가 소장으로 있는 일본 도쿄대학교 우주의 물리학과 수학 연구소IPMU에서는 국립천문대나 외국의 연구기관과 협력하여 수십억 광년 떨어진 은하 수백 개를 관측하는 계획을 세웠습니다. 이 계획은 우주의 게놈 계획이라고도 할 수 있습니다. 구체적으로는 스바루 망원경을 사용한 은하의 이미지와 분광기를 이용한 적색이동red shift을 관측하기 때문에 스미레 계획이라 명명되었습니다('스미레'는 일본어로 '짙은 보랏빛'이라는 뜻이다-옮긴이).

스미레 계획을 위한 9억 화소, 중량 3톤짜리 대형 카메라나 한 번에 약 3,000개의 은하를 관찰할 수 있는 분광 장치를 제작하여 스바루 망원경에 장착할 예정입니다(2012년 8월에 하이퍼 슈프림 캠Hyper Suprime-Cam이 장착되었다-옮긴이). 이 계획이 진행되면 더 상세한 암흑물질 지도를 만들 수 있습니다.

현재 제작 중인 암흑물질 지도는 거의 2차원 지도이기 때문에 평면적인 분포는 알아도 깊이가 어느 정도인지를 알지 못합니다. 3차원 지도도 제작하기 시작했지만 시야가 좁기 때문에 대규모 구조까지 보이지는 않습니다.

하지만 스미레 계획이 진전되면 광범위한 3차원의 암흑물질 지도를 만들 수 있습니다. 3차원에는 가로, 세로, 깊이에 대한 정보가 추가됩니다. 깊이를 알고 먼 곳의 분포까지 알게 되면 그것이 그대로 우주의 대규모 구조와 암흑물질의 옛날 상태를 보는 게 됩니다. 또한 아주 옛날부터 현재까지 우주가 어떻게 진화해 왔는지도 실제로 관측할 수 있게 됩니다.

우주가 탄생했을 무렵, 암흑물질은 농도가 거의 비슷했는데 시간이 지남에 따라 점점 모이면서 짙은 곳과 옅은 곳이 생기며 대규모 구조를 만들어 왔다고 추정하고 있는데, 정말 그런지 관측을 통해 확인하려는 것이 이 계획의 목적입니다.

암흑물질의 정체를 밝히기 위해서는 아직 데이터가 많이 부족

하고 필요한 데이터를 수집하려면 시간이 좀 더 필요합니다. 다만, 분명한 것은 암흑물질이 없으면 별도 은하도 태어나지 못했다는 사실입니다. 문자 그대로 암흑물질은 우주의 뼈대, 게놈이라고 할 수 있죠. 스미레 계획을 비롯해 암흑물질의 정체에 다가가기 위한 관측이나 실험이 다양하게 진행 중이며, 현재로서는 모두 순조롭게 진행되고 있지 않나 싶습니다. 조만간 우주의 암흑물질을 정복하는 시기가 오리라 기대해 봅니다.

Q&A
───

질문 빅뱅 당시 방대한 양의 에너지가 있었을 것 같은데, 왜 그런 에너지가 존재했나요?

무라야마 빅뱅이란 건 애초에 무엇이었나와 관련된 질문이군요. 왜 그런 대폭발이 우주에서 시작되었는지는 사실 아직 밝혀지지 않았습니다. 이 역시 우리도 알고 싶은 부분이고 많은 사람이 우주의 시작에 대해 연구하고 있습니다. 왜 우주가 탄생했고, 거기에 엄청나게 큰 에너지가 있었고, 왜 증가했는가라는 근본적인 부분에 대해서는 알려진 바가 없습니다.

그 이유 중에 하나가 지금의 우주에서 더 옛날 우주로 거슬러 올라가면 작은 점이었을 거라고 추측되기 때문입니다. 우주가 점이 되면 그곳의 에너지는 무한대가 되어 버립니다. 그러면 물리학자는 포기합니다. 그 점을 어떻게 다루어야 할지 모르기 때문입니다.

하지만 수학자는 무한대를 다루는 방법을 압니다. 예를 들면 1954년, 일본인 최초로 수학계의 노벨상이라 알려진 필즈상을 수상한 고다이라 구니히코小平邦彦 박사의 논문 중에는 다양체의 특이점 해소를 주제로 한 것이 있습니다. 이것은 무한대를 다루는 방법을 수학적으로 서술한 것입니다. 즉 수학자의 도움을 빌리면 무한대와 관련된 문제를 무난히 해결하여 우리 물리학자들이 다룰 수 있는 구조나 이론으로 좁힐 수 있지 않을까 기대하고 있습니다. 물리학자들의 목표 가운데 하나죠.

칼럼

———

우주의 나이

이 우주는 어떻게 시작되었을까요? 우주는 지금으로부터 137억 년 전에 태어난 걸로 추정되고 있습니다. 지금이니까 사람들이 우주에 시작이 있었다고 생각하지만 100년 전 사람들은 우주는 수축도 팽창도 하지 않고 일정한 상태를 유지한다고 생각했습니다. 항상 일정하기 때문에 우주에는 시작도 없을뿐더러 끝도 없다, 영원히 같은 상태가 지속되고 있다고 생각했던 것입니다. 그런데 1929년, 우주가 팽창하고 있다는 사실이 밝혀졌습니다. 미국의 천문학자 에드윈 허블Edwin Powell Hubble이 은하를 관측하던 중, 먼 곳의 은하가 점점 멀어지는 것을 발견한 것입니다.

우주가 팽창한다는 것은 시간과 함께 변하고 있음을 의미합니다. 시간을 되돌리면 우주는 어딘가 한 점으로 모이게 됩니다. 이 한 점이 바로 우주의 시작입니다. 즉 허블의 발견은 우주에는 시작이 있음을 시사하는 것이었고, 그 후 많은 과학자들의 관심은 우주의 나이와 우주의 시작으로 향했습니다. 우주의 나이는 우주의 탄생부터 현재까지의 속도를 알면 역산할 수 있습니다. 허블은 당장 팽창 속도를 구해 우주의 나이를 측정해 봤지만 계산 결과 우주의 나이는 20억 년. 지구의 나이가 약 46억 년인데 우주가 지구보다 더 젊다니요. 이런 모순 때문에 허블의 주장에 부정적인 의견도 있었지만 팽창설이 틀린 것은 아니었습니다. 당시의 관측 기술로는 정확한 팽창 속도를 알 수 없었던 것입니다.

그 후, 우주의 팽창 속도를 알아내기 위한 관측이 계속되었지만 정확한 값을 얻기까지는 무척이나 긴 시간이 필요했습니다. 그리고 2003년, 드디어 우주의 탄생에서 현재까지의 정확한 팽창 속도를 산출할 수 있게 되었고 우주의 나이가 137억 년임을 알게 되었습니다.

우주의 시작을 보다

우주의 나이를 알고 나면 우주는 과연 어떻게 탄생했을까 궁금해집니다. 당연히 우주의 탄생을 목격한 사람은 아무도 없습니다. 먼 우주를 보면 과거의 우주를 관찰할 수 있지만 우리가 관찰할 수 있는 것은 우주가 탄생한 지 약 6억 년 후의 은하까지입니다. 게다가 빛을 비롯한 전자기파로부터 거슬러 올라갈 수 있는 것은

114

우주 탄생 후 38만 년 정도까지입니다. 그 전은 우주의 온도가 너무 높아 빛이 전혀 나아가지 못했습니다.

그렇다면 탄생부터 38만 년 사이의 우주를 볼 수 있는 방법은 없는 걸까요? 현재 우주의 시작을 볼 수 있는 수단으로 기대를 받고 있는 것이 중력파 망원경입니다. 중력파는 중력의 변화로 생기는 시간과 공간의 왜곡이 파동의 형태로 전해지는 것을 말합니다. 중력파는 초신성 폭발, 중성자별 쌍성의 회전과 합체 등으로 인해 발생하는 것으로 추정되는데 아직 실제로 관측되지는 않았으나, 우주의 탄생 소식을 가장 먼저 알린 것으로 알려져 있습니다. 중력파를 탐지할 수 있다면 갓 태어난 우주의 모습을 알 수 있을지도 모릅니다. 현재 일본뿐만 아니라 미국이나 유럽의 연구팀들도 중력파 망원경 개발에 적극 나서고 있습니다(2016년 2월, 라이고 연구진이 블랙홀의 충돌 과정에서 발생한 중력파를 검출하는 데 성공하였다-감수자).

인류가 탄생한 후로 지금까지 우주의 탄생 당시를 지켜본 사람은 아무도 없습니다. 그렇다면 이 우주가 어떻게 탄생했는지 알 수 있는 방법은 전혀 없는 것일까요? 실제로 볼 수는 없어도 탄생 스토리를 알 수는 있습니다. 현재의 우주 상태를 정밀하게 관측함으로써 우주가 어떻게 만들어져 왔는지 계산을 통해 추측할 수 있는 것입니다. 수학적인 증명을 거치면서 그저 공상적인 이야기에서 논리적인 이론이 되는 것입니다. 현재 우주의 시작에 대해 주장하는 몇몇 이론이 있습니다.

얼마 전까지는 초기 상태의 우주를 설명하는 이론 가운데, 탄생 직후 대규모의 폭발이 일어나 우주가 팽창했다는 빅뱅이론이

암흑물질의 정체를 찾아서

가장 유명했습니다. 하지만 지금은 처음에 소립자 정도 크기의 우주가 생긴 다음 바로 인플레이션이라 불리는 급격한 팽창기가 있었다는 인플레이션 이론이 더 정확한 것으로 인정받고 있습니다. 인플레이션 후에 빅뱅이 일어나 지금의 우주의 모습으로 변해왔다고 말입니다.

우주가 정말 하나뿐일까?

5

우주의 운명

우주의 시작이 다양한 각도에서 연구되고 있다는 것은 4장에서 말한 대로입니다. 시작과 더불어 우주의 장래 역시 대단히 궁금하군요. 우주는 앞으로 어떻게 될까요? 이번 장에서는 예상되는 우주의 운명에 대해 이야기하겠습니다.

우주의 운명

우주의 운명에 대해서는 세 가지 가능성이 제기되고 있습니다.

1. 시간이 갈수록 우주는 감속하지만 계속 팽창한다.
2. 우주는 팽창하지만 어느 시점을 경계로 수축하기 시작해 최종적으로는 다시 작은 점으로 돌아간다.
3. 언젠가는 팽창 속도가 일정해진 상태로 계속 팽창한다.

우주가 얼마나 커질지는 우주에 물질이 얼마만큼 존재하느냐에 따라 달라집니다. 우주 내에 물질이 아주 많으면 어느 정도까지 커진 시점에서 팽창은 멈출 것입니다. 그리고 수축으로 전환되어 쪼그라들고 말 것입니다. 최종적으로 우주는 하나의 점으로 돌아갑니다. 이를 빅크런치big crunch, 대붕괴라고 부릅니다. 우주 초기에 빅뱅이 있었고 빅크런치로 종말을 맞는다는 그림이 되는 것입니다.

한편, 우주 내의 물질의 양이 적으면 어떻게 될까요? 시간이 갈수록 팽창 속도는 점점 느려집니다. 그런데 팽창은 계속됩니다. 이 경우 우주는 끝없이 계속 팽창합니다. 이 모델에서 우주는 영원히 계속됩니다. 우주는 점점 팽창하여 커지지만 커짐에 따라 팽창 속도는 느려지기 때문에 시간이 갈수록 멀리 있는 별이나 은하의 빛이 우리 곁에 다다르게 됩니다. 즉 지금보다 더 먼 곳의 별과 은하를 볼 수 있다는 의미이므로 관측자로서는 상당히 기쁘겠지요. 하지만 우주가 감속 팽창하는 모델은 현재 완전히 부정되고 있습니다. 그 계기가 된 것이 바로 암흑에너지입니다.

암흑에너지

암흑에너지는 우주를 형성하는 것들 가운데 암흑물질과 더불어 정체가 밝혀지지 않은 존재입니다. 미지의, 정체불명의 에너지이기 때문에 암흑에너지라고 부릅니다. 암흑물질은 10년 이내에는 정체가 밝혀질 것으로 기대되고 있지만, 우주 전체 에너지의 73%를 차지하는 것으로 추측되는 암흑에너지의 정체는 아직 아무런 실마리도 잡지 못한 상황입니다.

지금 우리는 암흑에너지를 볼 수도 느낄 수도 없습니다. 하지만 암흑에너지는 우주의 약 4분의 3이나 차지하고 있습니다. 그런 것이 어딘가 한정된 곳에만 존재하리라고는 생각되지 않습니다. 우리가 느끼지 못할 뿐, 이미 우리 주위에 존재하고 있을 것입니다.

암흑물질도 암흑에너지도 아직 정체는 밝혀지지 않았습니다. 그런데 물질과 에너지로 나눈 이유는 뭘까요? 가장 대단한 것은 우주가 커지면 암흑물질은 보통 물질과 마찬가지로 희박해지는데 반해 암흑에너지는 그렇지 않다는 점입니다. 이 암흑에너지를 발견한 계기가 된 것이 상당히 먼 우주에서 발생한 초신성 폭발입니다. 그리고 이때 발생하는 아주 밝은 빛을 초신성이라고 부릅니다.

초신성으로 팽창 속도 구하기

우주의 팽창이 감속하는 것을 실제로 확인하려면 먼 곳을 보고 과거의 팽창 속도를 계측한 다음, 가까운 곳의, 즉 최근의 팽창 속도와 비교하면 될 것입니다. 이때 가장 어려운 것은 거리를 측정하는 일입니다. 먼 은하까지 다녀올 수가 없는데 우주에서는 어떻게 거리를 정확히 계측할 수 있을까요? 이때 도움이 되는 것이 초신성입니다.

초신성은 관측되는 빛의 특징에 의해 약 일곱 종류로 분류할 수 있는데, 그중 Ⅰa형_{원에이형} 초신성이라는 것이 있습니다. 이 유형의 초신성은 대개가 비슷한 밝기를 갖는다는 사실이 밝혀졌습니다. 그렇기 때문에 Ⅰa형 초신성 폭발을 관측했을 때, 어느 정도 밝기인지를 조사하면 폭발이 일어난 장소까지의 거리를 계측할 수 있습니다. 하지만 아직 Ⅰa형 초신성 폭발이 일어나기까지의 과정은 수수께끼로 남아있습니다.

관측 결과, 지금까지 알려진 것은 Ⅰa형 초신성 폭발은 두 개의 별이 상대 별 주위를 빙글빙글 도는 쌍성(두 개 이상의 별들이 서로의 인력에 의해서 공통 무게중심의 주위를 일정한 주기로 공전하는 항성-옮긴이)에서 일어날 것이라는 점입니다. 다만 그 쌍성의 조합은 두 개의 패턴을 생각해 볼 수 있습니다.

하나는 백색왜성이 거성과 쌍성을 이루는 조합입니다. 백색왜성이 자신의 중력에 의해 거성으로부터 가스를 빨아들이는 패턴입니다. 백색왜성은 거성의 가스를 빨아들일 때마다 중량이 커지고 중력이 더 강해집니다. 중력이 강해지면 가스를 흡수하는 속도가 점점 빨라져 백색왜성의 무게는 증가하고 중력이 더 강해지는 주기를 반복합니다. 다만 이 주기가 영원히 계속되지는 않습니다. 어느 지점에서인가 백색왜성은 자기 자신의 중력을 견디지 못하고 찌그러지기 시작합니다. 이때 대형 폭발을 일으키는 것으로 추측되고 있습니다. 그리고 두 번째가 백색왜성과 백색왜성의 조합입니다. 이 경우는 서로 충돌하여 합체됩니다. 그때, 초신성 폭발을 일으킨다는 패턴입니다.

Ⅰa형 초신성 폭발은 별이 은하 전체보다 더 밝게 빛납니다. 지구에 도달하는 빛을 조사하면 어떤 유형의 초신성 폭발인지 알 수 있습니다. Ⅰa형은 모두 밝기가 거의 비슷합니다. 하지만 Ⅰa형인데 어두운 초신성 폭발도 관측될 때가 있습니다. 대체 어떻게 된 일일까요?

답은 간단합니다. 어두운 경우는 폭발이 일어난 장소가 지구에서 멀기 때문입니다. 관측된 폭발의 밝기를 비교하면 폭발한 장소를 알 수 있으므로 Ⅰa형 초신성 폭발은 우주 공간의 거리를 계측하는 데 좋은 지표가 되는 것입니다. 게다가 Ⅰa형 폭발은 단순히 거리를 계측하는 것만은 아니었습니다.

우주는 항상 팽창하므로 먼 천체에서 방출된 빛은 멀어져 가는 구급차가 울리는 사이렌처럼 파장이 길어집니다. 소리는 파장이 길어지면 낮아지는데, 빛의 경우는 적색 방향으로 변하고,

파장이 늘어남에 따라 적외선이 되어갑니다. 관측한 빛이나 전자기파의 파장이 얼마만큼 길어지는지, 그 비율을 조사하면 초신성 폭발 후 우주가 얼마만큼 팽창했는지 알 수 있는 것입니다.

Ⅰa형 초신성 폭발의 관측을 통해 초신성 폭발을 일으킨 장소까지의 거리와 그 지점이 어느 정도의 속도로 멀어져 가는지, 즉 팽창 속도를 구하는 데 필요한 두 가지 숫자를 알 수 있습니다. 팽창 속도는 우주가 팽창하는 모습을 보여주기 때문에 가까운 곳에서 먼 곳까지의 각각의 팽창 속도를 구할 수 있습니다. 연대별 팽창 속도를 알 수 있다는 것은 과거로 거슬러 올라가 우주의 성장 과정을 볼 수 있다는 뜻이고, 이로써 우주의 팽창 속도가 점점 빨라지고 있음이 밝혀졌습니다.

이것은 참으로 이상한 일입니다. 우리 우주에 많이 존재하는 암흑물질은 중력에 의해 사물을 끌어당깁니다. 많으면 당연히 우주의 팽창을 제지하도록, 느리게 만들 것입니다. 하지만 초신성 폭발 관측을 통해서는 우주의 팽창 속도가 점점 빨라진다는 대답이 돌아왔습니다. 이는 암흑물질만으로는 설명되지 않는 현상입니다. 우주의 팽창이 빨라지고 있다는 것을 설명하기 위해서는 인력에 대항해 우주를 확장하려는 척력을 작동하게 하는 무언가가 필요한 것입니다.

계속 팽창하는 에너지

우주의 팽창 속도가 빨라지고 있다는 관측 결과는 전 세계의 물리학자들을 놀라게 했습니다. 우리는 우주가 탄생한 이래, 우주의 팽창 속도가 점점 느려지고 있지 않을까 생각했으니까요. 우주에는 눈에 보이는 별이나 은하 같은 것보다 보이지 않는 암흑물질이 더 많이 존재합니다. 그런데 우주가 팽창하면 암흑물질은 그만큼 희박해집니다. 우주의 크기가 두 배가 되면 가로, 세로, 깊이 등 세 가지 방향의 길이가 각각 두 배가 되므로 부피는 여덟 배가 됩니다. 암흑물질의 양에 변함이 없다면 체적이 여덟 배가 되면 밀도는 8분의 1이 될 것입니다. 그러면 우주 내의 에너지의 밀도가 낮아지므로 우주의 팽창 속도는 느려져야 합니다. 이것이 우리가 우주의 팽창 속도가 느려질 것이라 생각한 근거였습니다.

그럼에도 불구하고 우주의 팽창 속도는 빨라지고 있었습니다. 예를 들어, 우주의 크기가 두 배가 됐다면 지금까지는 그 내부 에너지의 밀도가 낮아졌을 거라 예상했습니다. 그런데 그렇지가 않았습니다. 우주가 점점 커짐에 따라 어딘가에서 에너지가 샘솟는, 그런 이상한 상태가 되고 있는 것입니다.

왜, 이런 일이 일어나는 걸까요? 그것은 우주가 커져도 희박해지지 않는 무언가가 있기 때문입니다. 그리고 그 무언가는 암흑에너지입니다. 게다가 이 암흑에너지는 이유는 모르지만 에너지 양이 증가하는 존재인 것 같습니다. 컵에 뜨거운 커피를 넣어도 시간이 지나면 식어 버리는 것처럼 에너지는 아무것도 하지 않으면 감소하는 방향으로 진행합니다.

하지만 암흑에너지의 경우는 에너지가 증가합니다. 이 얘기만 들으면 암흑에너지는 지금까지의 우리의 상식이 통용되지 않는 기묘한 에너지처럼 생각됩니다. 하지만 우주가 점점 커지고 있는데 팽창 속도가 가속되는 현상을 설명하기 위해서는 우주가 커질 때마다 그것을 보충하듯 따라서 증가하는 에너지가 필요한 것입니다.

이 암흑에너지에 해당하는 것을 처음으로 생각해 낸 이가 바로 그 유명한 아인슈타인입니다. 아인슈타인은 상대성이론으로 유명하지만 그 일반 상대성이론을 사용해 우주의 모습을 기술하는 우주방정식도 도출했습니다.

아인슈타인은 우주는 한결같고, 절대 변하지 않는다는 신념 비슷한 생각을 갖고 있었으나 그가 도출한 우주방정식의 해를 구한 결과, 우주는 변화한다는 결과를 얻고 말았습니다. 그리고 곤란해진 아인슈타인은 우주가 변하지 않도록 척력을 작용하게 하는 우주상수라는 것을 우주방정식에 첨가했습니다.

게다가 이 우주상수는 곤란하게도 과학적인 근거는 없었습니

우주가 정말 하나뿐일까?

다. 관측 결과, 우주가 팽창하고 있음을 알게 된 아인슈타인은 이 우주상수는 "생애 최대의 실수였다"라고 인정했습니다. 하지만 1990년대 이후, 우주 관측이 더욱 발전하면서 상황은 뒤바뀌어 우주의 팽창이 가속화되고 있다는 사실이 발견되었습니다. 이 상황을 설명하려면 우주방정식에 우주상수를 넣을 필요가 있었던 것입니다.

아인슈타인이 즉흥적으로 첨가한 우주상수가 21세기가 되면서 우주를 더욱 정확히 설명하는 데 없어서는 안 될 존재가 되고 보니, 아인슈타인은 정말 대단한 인물이라는 생각이 듭니다(부호는 틀렸지만요). 아무튼 이 우주상수가 표현하고 있는 척력이 암흑에너지라면 계산이 맞게 됩니다.

우주가 찢어진다고?

팽창 속도가 점점 커지면 우주는 어떻게 될까요? 만약 이 상태가 계속되면 최종적으로 우주는 찢어지고 말 것입니다. 이 결과는 우주를 관측하는 사람의 입장에서 무척이나 슬픈 일입니다. 스바루 망원경이나 허블 우주망원경 등으로 먼 은하의 아름다운 모습을 촬영할 수 있게 되었는데, 우주가 찢어질 정도로 빠르게 팽창하면 먼 은하는 더욱 멀리 가버리므로 지구에서는 볼 수가 없게 됩니다. 즉 이대로 우주의 팽창 속도가 계속 빨라지면 지금

우주의 운명

관측 가능한 많은 은하는 언젠가 볼 수 없게 되고 결국은 가까운 곳에 있는 별 외에는 볼 수 없게 됩니다.

이는 우주를 관측하는 연구자들에게 대단히 유감스러운 예상입니다. 현재의 우주론은 더 먼 곳의 은하를 관측함으로써 많은 사실을 밝혀 왔습니다. 장래에 그 은하들을 관측할 수 없게 된다는 것은 관측을 통해 우주론을 연구할 수 없게 됨을 의미합니다. 개인적으로는 그런 미래는 오지 않으면 좋겠습니다.

우주가 찢겨도 어느 정도 지점에서 팽창 가속이 약해진다면 지구 주변에는 우리 은하의 별이 있을 것이고, 언뜻 보기에는 밤하늘도 그대로일 것입니다. 예를 들어 우주가 두 배로 커지면 부피는 2^3, 즉 여덟 배가 됩니다. 이때, 암흑에너지가 약 일곱 배밖에 증가하지 않는다면 먼 은하는 보이지 않게 되지만 우리 은하는 그대로 남게 됩니다.

하지만 여덟 배 이상, 즉 팽창 속도보다 암흑에너지로 인한 팽창 속도가 더 빠른 경우에는 가속이 붙어 어느 시점에서 팽창 속도가 무한대가 됩니다. 그렇게 되면 지나친 가속 때문에 개개의 은하도 갈기갈기 찢길 것입니다. 뿐만 아니라 은하 내에 있는 별도 산산이 부서져 원자가 되고, 최종적으로는 원자조차 산산조각이 날 것입니다. 이런 현상을 빅립Big Rip이라고 합니다. Rip은 '찢다'라는 뜻의 영어입니다. 빅립은 우주가 완전히 찢어지며 종말을 맞는 것을 말합니다.

즉 우주에는 암흑물질과 암흑에너지가 있다는 사실을 알게 된 덕에 우주의 팽창 속도가 빨라지는 이유도 알게 되었습니다. 우주의 미래는 팽창이 계속되지만, 팽창 속도가 얼마나 빨라지는가가 관건입니다. 팽창 속도가 일정 범위 이내에 있으면 팽창은 영원히 계속됩니다. 하지만 그 속도가 너무 빨라지면 언젠가 무한대가 되어 우주는 산산이 찢어질 것입니다. 우주의 미래는 아마 이 둘 중 하나일 것으로 예상되고 있습니다.

암흑에너지 효과의 생성 속도

그렇다면 어느 쪽이 진짜 미래가 될까요? 사실 그 답을 정밀하게 측정하기 위한 연구는 이미 시작되었습니다. 연구의 무대는 하와이의 마우나케아 산 정상에 있는 망원경이며, 이 망원경에 커다란 카메라를 장착해 더 넓은 시야로 우주를 조사하고 있습니다. 시야를 넓히면 먼 은하를 더 많이 볼 수 있고 그 은하의 왜곡을 조사함으로써 암흑물질의 분포도 알 수 있습니다.

암흑물질의 분포가 밝혀지면 동시에 암흑에너지에 대해서도 알 수 있게 됩니다. 암흑물질의 분포 비율을 조사하면 암흑에너지 효과가 생성되는 속도를 알 수 있기 때문입니다. 간접적인 방법이기는 하지만 암흑에너지가 효과가 얼마나 빨리 생성되는지를 알 수 있다면 실험적인 방법으로 우주의 운명을 알 수 있기 때문에 어떤 결과가 나올지 대단히 기대가 됩니다.

초끈이론이 예측하는 우주의 종말

우주론 이론에서는 우주는 계속 팽창하는 걸로 되어 있습니다. 이 이론의 전제로는 아인슈타인의 중력이론이 있으므로 우주 가속 팽창설을 부정하는 사람들 중에는 아인슈타인의 중력이론이 틀렸을지도 모른다고 생각하는 사람도 있습니다.

아인슈타인의 중력이론이 틀렸다면 맞는 이론은 무엇일까요? 지금 주목받고 있는 것이 초끈이론입니다. 초끈이론 연구자들 사이에서는 우주는 가속 팽창하지 않고, 그 전제가 되는 아인슈타인의 중력이론이 틀렸으며, 팽창의 가속은 멈출 것이라는 견해도 있습니다. 만약 그렇다면 우주의 미래에는 다른 운명이 기다리고 있겠지요.

그중 하나가 거품 우주입니다. 우주가 계속 가속 팽창하면 어느 시점에서 거품이 생기기 시작합니다. 거품 바깥은 가속 팽창하는 우주지만 거품 안은 암흑에너지가 존재하지 않고 가속 팽창하지 않습니다. 거품이 많이 생성되면 어느 시점을 경계로, 우주는 거품으로 가득 차 암흑에너지가 없는 우주가 됩니다. 그러면 가속 팽창도 끝이 납니다. 계속 팽창해도 가속화되지 않고 점점 속도가

우주가 정말 하나뿐일까?

느려질 것으로 예상하고 있습니다. 이 스토리가 정말인지 어떤지는 아직 알 수 없습니다. 초끈이론 연구 분야에서는 이런 우주도 생각해 볼 수 있다는 제안이 나오고 있는 단계입니다.

Q&A

질문 우주가 멀어지고 있기 때문에 멀리 있는 별이 원래의 색보다 붉게 변하고, 그 정도에 따라 어느 정도의 속도로 멀어지고 있는지 알 수 있다는 얘기에 대해서 질문하겠습니다. 예를 들어 지금 오렌지색으로 보이는 별이 사실은 노란색이나 파란색이라는 것은 어떻게 알 수 있나요?

무라야마 우리가 살고 있는 우리 은하 안에 어떤 별이 있는지를 조사해 보면 상당히 다양하다는 것을 알 수 있습니다. 그리고 별의 유형에 따라 분류도 되어 있고, 어떤 유형의 별이 어떤 색을 띠는지도 알려져 있습니다.

별의 색은 별의 성분, 즉 별을 만드는 원자의 종류와 깊은 관계가 있는데, 별은 내부에서 핵융합이 일어나기 때문에 빛이 납니다. 핵융합 반응 때문에 내부는 물론 표면도 온도가 높죠. 원자에 열을 가하면 색깔 있는 빛을 냅니다. 중학교나 고등학교에서 공부한 분도 많겠지만 이를 불꽃반응焰色反應, flame reaction이라고 합니다. 불꽃의 색은 원자의 종류에 의해 결정됩니다. 예를 들어 터널 같은 곳에서 종종 보게 되는 노란색 램프는 나트륨 램프라고 하는데, 나트륨 원자에 열을 가해 노란빛을 만듭니다. 별이 방출하는 빛을 분석하면 어떤 원자가 어느 정도의 비율로 들어 있는가 하는 별의 성분을 알 수 있습니다. 성분을 알면 지구 가까이에서 빛나는 별과 비교하여 그 별의 원래 색을 정확히 알 수 있습니다. 관측된 색이 그 색과 얼마나 다른지를 조사하면 원래의 색에서 붉은 방향으로 얼마나 변했는지 알 수 있는 것입니다. 그리고 이 계측은 상당히 정밀도가 높은 수준까지 와 있습니다.

질문 먼 곳의 은하는 과거의 은하죠. 그러면 더 먼 은하가 더 빨리 멀어지고 있다는 것은 더 오래된 은하가 더 빨리 멀어진다는 말이 되지 않습니까? 그게 어떻게 현재의 우주 팽창이 가속하고 있다는 뜻이 됩니까? 먼 곳의 은하가 빨리 멀어지고 있다면 지금 현재의 우주도 역시 팽창하고 있다는 말이 되는 건지요?

무라야마 분명 먼 은하에서 일어난 초신성 폭발은 과거에 일어난 폭발입니다. 그 빛이 멀어지는 정도를 관측해 우주의 팽창이 점점 빨라지고 있다고 결론을 내렸습니다. 하지만 먼 은하가 더 빨리 멀어지고 있다는 이유로 가속하고 있다는 결론을 내린 것은 아닙니다. 어쩌면 설명이 불충분해서 잘 전달되지 않은 것 같기도 한데, 실제로 어떻게 연구가 되고 있는지 조금 더 자세히 설명하겠습니다.

우선, 먼 은하에서 폭발한 초신성을 봅니다. 우주의 팽창 속도는 계산되어 있기 때문에 이 정도 팽창되었을 거라는 계산도 가능합니다. 하지만 먼 곳의 별을 보면 예상보다 어둡게 관측됩니다. 멀리서 일어난 초신성이 예상보다 어둡다는 것은 우주의 팽창이 예상 이상으로 진행되고 있다는 뜻입니다. 즉 최근에 가까울수록 우주는 팽창이 진행되어 있고 과거는 사실 그렇게 많이 팽창하지 않았다는 결론입니다.

우주의 팽창이 가속하고 있다는 얘기는, 먼 은하가 빨리 멀어지고 있는 것처럼 보이기 때문에 그렇게 말하는 게 아닙니다. 그렇다면 오히려 감속할 것입니다. 우리가 우주의 팽창 속도가 가속한다고 말하는 이유는 별이 폭발한 다음, 생각보다 우주가 길게 늘어났기 때문입니다.

질문 우리 주변에 넘치도록 많은 에너지는 사용하면 없어지는 것들인데, 암흑에너지는 솟아난다고 하셨습니다. 암흑에너지는 우리가 생각하는 에너지와는 전혀 다른 존재인가요?

무라야마 그러게 말입니다. 암흑에너지는 보통 에너지와는 다른 것 같습니다. 그리고 정체도 알 수 없기 때문에 지금으로서는 사용할 수도 없지요.

질문 암흑에너지는 암흑물질과 관계가 있나요?

무라야마 암흑에너지와 암흑물질은 관계가 있다고 생각하는 사람도 있습니다. 하지만 이 둘은 아직 정체가 밝혀지지 않았습니다. 알려지지 않은 것과 알려지지 않은 것이 어떤 관계인지는 더 알 수 없는 문제이기는 합니다.

다만, 이 둘이 뭔가 관계가 있지 않을까 추측되는 이유가 있기는 합니다. 아까 암흑물질은 우주 전체의 23%, 암흑에너지는 73%를 차지한다고 얘기했는데, 생각해 보면 신기합니다. 세 배 정도의 차는 있지만 1000분의 1이나 100만 분의 1도 아닙니다. 대체로 비슷한 에너지를 갖고 있을 겁니다. 이유가 뭘까요? 이걸 이해하려고 들면 뭔가 관계가 있을 것 같은 기분이 듭니다. 그래서 관계가 있을 것으로 추측하는 사람은 꽤 많은데 어떤 관계인지는 아직 밝혀지지 않았습니다.

질문 암흑에너지에 대해서는 에너지보존법칙이나 질량보존법칙 등은 성립되지 않나요?

무라야마 질량보존법칙은 사실 이미 성립되지 않습니다. 핵반응이나 가속기를 이용한 실험을 하면 반응 전후로 물질의 양이 증가하거나 감소하는 일이 있기 때문에 물질만으로는 보존되지 않는다는 사실이 밝혀졌습니다. 하지만 에너지 전체적으로는 보존될 것이라는 것이 일반적인 견해입니다.

그런데 에너지가 보존되는 경우라는 것은 시간이 지나도 크기가 그다지 변하지 않는 경우입니다. 그런 상황에서는 에너지가 보존되는 것은 확실히 수학적으로 증명할 수 있지만 우주의 경우는 시간에 원점이 있습니다. 우주가 시작되고, 점점 커진다는 점에서 시간의 시작이 있는 거죠. 그리고 어쩌면 끝도 있을지 모릅니다. 이런 경우에는 사실 에너지가 보존되지 않는 경우가 있다는 사실도 알려져 있습니다.

　예를 들어 우주가 빛에 대해 투명해진$_{Transparent\ to\ radiation}$ 이후 방출된 빛에 대해 생각해 봅시다. 빅뱅 당시 발생한 빛은 아직 우주 내에 많이 존재하지만 이 빛이 최초에 방출됐을 때는 가시광선 같은 빛이었는데, 우주가 팽창함에 따라 전파로 바뀌었습니다. 사실은 이것도 에너지가 감소하고 있기 때문입니다. 그리고 실제로 그런 현상이 발견되고 있습니다. 결론을 말하면, 팽창하는 우주에서는 에너지보존법칙이 성립하지 않습니다.

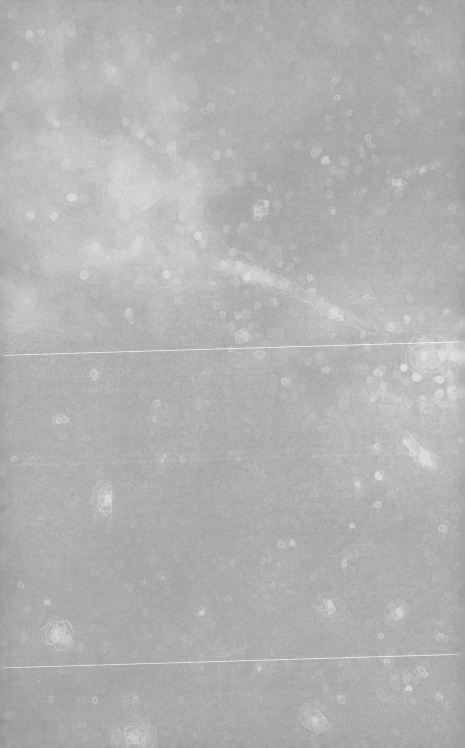

6

다차원 우주

지금까지 우리는 우주에 대해 이야기할 때, 우주는 3차원의 공간과 1차원의 시간으로 된 4차원이며, 또한 하나밖에 없다는 것을 전제로 해왔습니다. 하지만 연구가 계속될수록 아무래도 우주는 우리가 생각하는 것과는 다른 모습일 수도 있다는 사실을 알게 되었습니다. 이번 장에서는 우리가 당연하게 생각하고 있는 전제를 한번 의심해 보도록 하겠습니다.

우주는 하나가 아니다

혹시 다원 우주라는 단어를 들어본 적이 있나요? 이 말에는 크게 두 가지 뜻이 포함되어 있습니다. 첫째는 다차원 우주입니다. 차원이라는 것은 시간이나 공간의 넓이와 크기를 말하며 우리 눈에 우주는 3차원으로 보입니다. 우리는 상하, 좌우, 전후 등 세 방향으로 움직일 수 있기 때문에 3차원 공간이라 말하지만 사실 우주에는 우리가 느끼지 못하는 방향이 있을지도 모릅니다. 즉 우주에 3차원 이상의 차원이 존재한다고 믿는 것이 다차원 우주입니다.

그리고 두 번째가 다원 우주입니다. 다차원 우주와 비슷할 것 같지만 뜻은 전혀 다릅니다. 다차원 우주는 우주 공간에 지금까지 알려지지 않은 차원이 존재한다는 뜻이며, 차원이 많아져도 우주는 여전히 하나입니다. 하지만 다원 우주는 우주가 여럿 존재할지도 모른다는 개념입니다. 우리는 우주가 하나라고 믿고 살아왔지만 어쩌면 우리가 살고 있는 이 우주는 수많은 우주 가운데 하나이고 이 우주 외에 또 다른 우주들이 존재할지도 모른다는 것입니다.

우선, 처음 언급한 다차원 우주부터 살펴볼까요? 차원이란 무엇인가부터 복습해 봅시다. 우리는 일상생활을 하면서 사람들과 다양한 약속을 합니다. 예를 들어 친구들과 영화를 볼 때 약속을 하는데, 그때 기본적으로 네 가지 숫자가 필요합니다. 약속 장소가 도쿄 신주쿠에 있는 영화관이라 합시다. 신주쿠 역에서 동쪽으로 4분, 그리고 남쪽으로 3분과 같은 식으로 목적지까지의 거리가 있습니다. 여기서 두 개의 숫자가 나왔습니다. 목적지가 빌딩인 경우, 건물 몇 층인지 숫자가 하나 더 필요합니다. 자, 이제 세.개의 숫자가 나왔습니다.

이 세 개의 숫자가 있으면 약속 장소를 지정할 수 있습니다. 하지만 이것만으로는 친구와 만날 수가 없습니다. 중요한 정보가 하나 빠져 있거든요. '언제'라는 시간 정보입니다. 이번 일요일 10시라는 시간이 정해지면 만나지 못하는 일은 없을 겁니다. 이것이 네 번째 숫자입니다.

우리가 어디서 무엇을 할까 정할 때는 장소를 결정하는 데 세 개의 숫자가 필요하고, 시간을 정하기 위한 또 하나의 숫자가 필요합니다. 그래서 공간은 3차원, 시간은 1차원, 합해서 4차원 시공이라고 합니다. 별로 의식하지 않으며 살고 있지만 우리는 일상적으로 세 개의 숫자로 장소를 정하고, 시간을 나타내는 하나의 숫자를 지정합니다. 이 밖에도 차원을 알기 쉽게 설명하는 방법 가운데 지도가 있습니다. 지도는 지구의 표면을 나타내며 두 개의 숫자로 장소를 지정할 수 있습니다. 그리고 그곳에 건물이 있다면 높이를 나타내는 세 번째 숫자가 필요한 것입니다.

휘어진 차원을 평평하게

또한 지도는 평면으로 표현되어 있지만 실제 지구의 표면은 둥글며 평평하지 않습니다. 지구 표면은 2차원 평면으로 표현 가능하지만 사실은 둥근 공간으로 되어 있습니다. 도시 같은 특정 지역이라면 평평하다고 생각해도 문제없겠지만 지구 전체를 생각하면 둥근 공간을 지도로 만들기는 무척 곤란할 것입니다.

지구는 구형이지만 표면은 2차원입니다. 하지만 그 형태 그대로 평면 지도를 만들 수는 없습니다. 세계지도를 평평하게 그리는 작업은, 귤껍질을 평평하게 펼치는 작업과 같아서 일단 한 지점을 찢는 것만으로는 평면이 되지 않고 여러 곳을 찢어야 합니다. 우리는 종종 세계 지도를 접하게 되는데, 이는 구의 표면을 무리하게 평면에 옮기려는 시도입니다.

학교 등에서 종종 보게 되는 것이 메르카토르 도법입니다. 하지만 이 지도는 어떤 의미에서 오해를 불러일으킬 우려가 있습니다. 이 지도에서는 그린란드가 위쪽에 그려진 경우가 많은데, 대단히 크게 표현되어 있습니다. 어떨 때는 남아프리카 대륙보다 더 커 보일 정도입니다. 하지만 잘 생각해보면 참 이상하다는 것을 알 수 있습니다. 그린란드는 하나의 섬이므로 남아메리카 대륙보다 훨씬 작은데, 구의 표면을 억지로 평면으로 표현했기 때문에 상이 왜곡되어 커져버린 것입니다. 게다가 메르카토르 도법에서는 북극점이나 남극점을 그릴 수 없습니다. 메르카토르법은 종이를 이용해 지구를 원통형으로 감싼 다음, 지구 내부에 전구를 넣어 지표의 지형을 투영한 것처럼 평면적으로 그린 것입니다. 지구의 중심 부분에서 표면을 관통하여 연장된 선이 종이에 닿는 곳에 그 지형을 그리기 때문에 적도 부근은 실제 지형과 종이에 투사되는 모양의 크기가 비슷하지만 위도가 높아질수록 크게 투영됩니다. 원통형으로 만 종이에 투사하기 때문에 북극점이나 남극점과 중심 부분을 잇는 선은 지축 방향으로 진행하여 아무리 연장해도 종이에 닿지 않습니다. 그래서 이 방법으로는 북극점이나 남극점을 그릴 수 없는 것입니다.

메르카토르 도법 이외에도 카시니법, 심사(방위)도법心射(方位)圖法, 정거원통도법正距圓筒圖法 등 세계 지도를 그리는 방법은 많지만 그 어느 것도 지구 표면을 모두 정확히 표현할 수는 없습니다. 일부분은 정확해도 어딘가가 일그러진 이상한 형태가 됩니다. 굽은 공간을 평면으로 만들기 위해 아무리 노력해도 어딘가에는 문제가 남기 마련입니다.

5차원 시공

아무튼 차원이란 시간과 장소를 정하기 위해 필요한 수를 말합니다. 우리가 당연하게 느끼며 살고 있는 세상에서는 세 개의 숫자를 제시하면 장소가 결정되고, 시간은 한 개의 숫자로 결정됩니다. 전부 네 개의 숫자로 과거까지 포함해 이 세상의 어떤 한 장소를 지정할 수 있습니다. 우리는 네 개의 차원을 느낄 수 있습니다. 그리고 이 밖에 눈에 보이지 않는 차원이 존재할 수도 있습니다.

앞에서 신주쿠의 영화관에서 만나기로 했을 때, 동쪽, 남쪽, 층수, 시간 등 네 개의 숫자가 필요하다고 했습니다. 그런데 영화를 보기 위해 꼭 필요한 숫자가 하나 더 있겠죠? 그건 바로 입장료입니다. 입장료는 공간처럼 눈에 보이는 숫자는 아니지만 영화를 보기 위해서는 반드시 필요한 숫자입니다. 이 사실을 모르면 힘들게 약속 장소까지 가서 영화를 못 보게 될 우려도 있습니다.

우리가 보고 느낄 수 있는 것이 3차원의 공간과 1차원의 시간뿐이기 때문에 이 우주가 4차원 시공이라고 표현하지만, 어쩌면 보이지 않는 방향이라는 게 존재할지도 모릅니다. 그리고 그 보이지 않는 방향이 이 우주의 성장에 중요한 결정권을 행사할 가능성도 있습니다. 지금부터 눈에 보이고 실제로 걸어 다닐 수 있는 공간 외에도 혹시 다른 방향이 존재하는 건 아닌지에 대해 생각해 봅시다.

우선, 우리가 살고 있는 3차원 공간이 아주 얇은 막_{워크 브레인=약} _{력 막} 위에 있다고 가정해 봅시다(브레인_{brane}, 막우주은 고차원 시공간에 들어 있는 3차원 공간이다-감수자). 그 안에 상하, 좌우, 전후의 세 가지 방향이 있습니다. 하지만 막의 바깥에는 이 세 방향과는 다른 방향이 존재합니다. 그리고 그 방향에는 또 다른 막_{중력 브레인}=중력 막이 있습니다. 만약 공간이 정말 이렇게 되어 있다면 이 우주는 공간이 4차원, 시간이 1차원이므로 5차원 시공이 되는 것입니다.

눈에 보이지 않는 차원

3차원 공간 바깥에 또 하나의 방향, 즉 차원이 있다는 얘기를 들으면 기분이 묘할 것 같습니다. 하지만 현실적으로 그렇다 해도 이상할 것은 없습니다. 가령, 2차원의 세계에 사는 사람이 있다고 해봅시다. 우리가 마룻바닥에서 뒹굴고 있다면 그 사람은 우리의 전신을 볼 수 있습니다. 하지만 우리가 일어서면 갑자기 자기 눈앞에서 우리가 사라졌다고 생각하겠지요. 2차원에 사는 사람에게 전후, 좌우 외에 세 번째 차원은 보이지 않기 때문입니다. 하지만 실제로는 '위아래'라는 세 번째 차원이 존재합니다. 2차원에 사는 사람에게 세 번째 차원은 다른 차원이고, 전후, 좌우 외에 상하로도 자유롭게 움직일 수 있는 사람은 다른 차원, 즉 여분의 차원으로 이동할 수 있는 게 됩니다.

이렇게 눈에 보이지 않는 여분의 차원은 여분이라는 말 때문에 잉여 차원이라는 이미지가 있습니다. 없어도 그만인 잉여이다 보니 무슨 도움이 될까 싶은 의문이 듭니다만, 눈에 보이는 차원에 큰 영향을 줄 가능성이 있습니다. 그런데 우리가 파악하지 못한 차원이 있다면 우주는 대체 몇 차원까지 있는 걸까요? 초끈이론에서는 10차원일 것이라고 예언합니다. 우리가 알고 있는 건 4차원 시공이니까 나머지 여섯 개의 차원이 우리가 모르는 여분의 차원이라는 것입니다. 초끈이론은 이렇게 말합니다. 우리는 이 여섯 개의 차원 방향으로 갈 수는 없지만 실제로 존재한다고 말이죠.

다차원 우주의 다차원은 '네 개보다 많은 차원이 존재하는 우주'라는 뜻이니 말로는 비교적 간단히 표현할 수 있습니다. 하지만 정작 그 말을 이해하려면 그리 간단하지가 않습니다. 우선, 사람의 머리로는 4차원 이상의 공간을 상상할 수 없습니다. 2차원에 사는 사람이 3차원을 상상하지 못하는 것과 마찬가지입니다.

우리가 4차원의 공간을 이해하려면 어떻게 해야 할까요? 다시 한번, 2차원의 세계로 돌아가 생각해 봅시다. 2차원의 세계에서는 3차원의 물체는 단면적 형태로밖에 보이지 않습니다. 하지만 그 물체 위에서 빛을 비추면 2차원의 면에 그림자를 만들 수 있지요. 3차원 물체를 직접 볼 수는 없지만 그 물체가 만들어내는 그림자는 2차원에서도 볼 수가 있는 것입니다. 이와 마찬가지로 우리가 상상할 수 없는 4차원 공간에 빛을 비춰 3차원 공간에 생긴 그림자를 볼 수 있다면 4차원 공간이 어떤 공간인지 상상할 수 있을지도 모릅니다. 다만, 4차원 공간의 그림자를 3차원 세계에 투영하면 형태가 대단히 복잡해집니다. 여기다 3차원이든 4차원이든 공간이 지구 표면처럼 휘어져 있다면 복잡한 정도는 더욱 심해집니다. 그러므로 다차원 공간을 제대로 이해하려면 수학적 설명이 필요합니다.

다차원 우주는 4차원, 6차원 등 차원이 높아질수록 한층 복잡해져서 직접적으로 이해하기가 어려워집니다. 하지만 차원이 높아져도 기본적인 부분은 변하지 않습니다. 우리가 친구와 만날 약속을 할 때, 세 개의 숫자로 장소를 정하고 한 개의 숫자로 시간을 정하듯, 4차원 공간에서는 네 개의 숫자를 정하면 한 개의 점이 지정됩니다. 6차원 공간이라면 여섯 개의 숫자가 필요하겠지요. 이 점은 우리가 생활하고 있는 3차원 공간과 똑같습니다. 다른 점은 점점 복잡해져서 그 모양을 상상하기가 어렵다는 점뿐입니다. 그런데 복잡해지는 게 나쁜 건 아닙니다. 복잡성으로 인해 우주에 대한 새로운 아이디어도 탄생하는 것입니다. 그리고 이런 아이디어가 다차원 우주로 이어지는 것입니다.

여분의 차원은 바로 우리 옆에 있다

우리가 살고 있는 우주에 3차원 공간과는 다른 방향이 있다면 왜 지금까지 몰랐을까요? 가장 유력한 이유는 3차원 이외의 차원은 굉장히 작다는 것입니다. 예를 들어 줄타기를 하고 있는 사람이 있다고 가정해 봅시다. 그 사람 입장에서 보면 움직일 수 있는 방향은 밧줄이 놓인 방향밖에 없습니다. 즉 밧줄을 따라 전진하느냐, 후진하느냐밖에 없는 것입니다. 이 경우, '밧줄 끝에서 20미터 앞'이라는 숫자를 하나 정하면 장소가 결정됩니다. 밧줄타기를 하는 사람에게 공간적 차원은 하나뿐입니다. 즉 이 사람은 1차원의 세계에 있는 것입니다.

그렇다면 밧줄 위는 정말로 1차원일까요? 만약, 이 밧줄 위에 개미가 있다면 어떨까요? 개미는 몸집이 작기 때문에 밧줄을 따라 움직일 뿐만 아니라 밧줄 지름 방향으로 뱅글뱅글 돌 수도 있습니다. 따라서 개미 입장에서 보면 밧줄 위는 2차원 공간이 되는 것입니다. 사람에게 밧줄의 두께는 너무 가늘어 그 방향으로 움직일 수 있는 차원이 있다는 걸 느낄 수 없지만, 개미는 2차원이라고 느낄 수 있습니다.

즉 사람의 눈에는 어느 정도 큰 것만 보이므로 3차원 공간밖에 보이지 않는 것입니다. 현미경 같은 미시적 시점에서 보면 다른 차원이 보일지도 모른다는 게 기본적인 생각입니다.

3차원 이외의 차원이 있다는 얘기를 하면 "그런 게 어디 있느냐," "그런 건 본 적이 없다"라는 반응을 종종 경험합니다만, 여분의 차원의 방향이라는 것이 작고 둥글게 휜 공간이라면 사람

우주가 정말 하나뿐일까?

이 느끼지 못할 뿐인 것입니다. 우리는 3차원 공간밖에 없다고 생각하지만 정말 여분의 차원이 존재할지도 모릅니다.

여분의 차원이 있을지도 모른다는 걸 인정하면, 그 다음에 반드시 나오는 질문이 "어디에 있느냐"입니다. 그 질문에 대한 답은 "어디에라도 존재한다"입니다. 이는 밧줄의 예를 생각하면 알 수 있습니다. 사람은 움직일 수 없는데 개미는 움직일 수 있는 또 하나의 차원은 밧줄 표면 어디든 존재합니다. 줄타기를 하는 사람이 어디에 있든 또 다른 차원은 존재하는 것입니다. 하지만 그 차원이 너무 작은 탓에 사람은 느끼지 못할 뿐입니다.

이는 우리가 사는 3차원 공간에도 적용할 수 있습니다. 사실은 이 우주 어디를 가더라도 눈에 보이지 않는 작은 차원이 존재한다고 말입니다. 여분의 차원은 특별한 장소에 있는 게 아니라 사실은 바로 우리 옆에도, 우주에도 있습니다. 우주 어디든 여분의 차원이 있지만 우리가 느끼지 못할 뿐입니다.

힘의 통일을 향해

여기서 한 가지 의문이 듭니다. 왜 여분의 차원이 있다는 생각을 하기 시작한 걸까요? 1921년, 우주에 여분의 차원이 있다고 처음 말한 이는 수학자 테오도르 칼루자Theodor Kaluza였습니다. 그리고 1926년에 오스카르 클라인Oskar Klein도 여분의 차원이 있다고 주장했습니다. 이 둘이 생각한 여분의 차원은 3차원의 공간, 1차원의 시간에 하나의 보이지 않는 공간 방향이 존재한다는 것이었습니다. 그들의 이론에서 우주는 5차원이 됩니다.

여기까지 얘기해도 아직 의문은 풀리지 않습니다. 둘은 왜 여분의 차원이 있다고 말한 걸까요? 그들은 물리학의 거장인 아인슈타인이 이루지 못한 꿈을 실현시키고 싶었던 것입니다. 그 꿈이란 힘의 통일 이론을 완성하는 것입니다. 아인슈타인은 당시 알려져 있던 중력과 전자기력을 함께 설명할 수 있는 통일 이론이 있으면 좋겠다고 생각했습니다. 만년의 그는 그 통일 이론을 연구했으나 결국 성공하지 못했습니다.

아인슈타인의 도전을 알게 된 칼루자와 클라인은 5차원을 상정하면 해결될 것이라고 제안한 것입니다. 그들은 만약 다섯 번째 차원이 있다면 5차원 방향을 향하는 중력이, 우리 눈에는 전자기력으로 비칠 것이라고 주장했습니다. 이 이론은 실제로 수식을 사용해 나타낼 수 있는데 최종적으로는 잘 되지 않았습니다.

이유는 단순했는데 중력은 전자기력에 비해 무척 약하기 때문입니다. 한쪽은 대단히 약하고 다른 한쪽이 대단히 강한 두 개의 힘을 통합적으로 설명하는 것이 그렇게 쉬운 일은 아니었습니다. 그리고 그 계획은 좌절되고 말았습니다. 사실 중력과 전자기력의 통일은 1998년까지 별다른 진전이 없었습니다. 그 후, 힘의

통일에는 다차원 우주라는 개념이 대단히 중요하다고 인식하게
되었습니다.

중력은 약한 힘

방금 중력은 약하다는 얘기를 했는데, 대부분의 사람은 중력이
크고 전자기력이 더 약하다고 생각할 것입니다. 우리는 일상적
으로 중력을 받으며 생활하고 있습니다. 우리가 지구 표면에 발
을 딛고 살 수 있는 것은 중력이 있기 때문인데, 중력의 크기를
실감할 수도 있습니다. 등산을 예로 들어 보죠. 등산은 중력을 거
슬러 해발이 높은 곳으로 올라가는 행위인데, 중력 때문에 대단
히 힘이 듭니다. 등산까지 가지 않더라도 언덕이나 계단을 오르
는 것만으로도 숨이 찹니다. 이렇게 강한 중력이 약하다니, 잘 이
해가 안 될 수도 있겠네요.

　실제로 중력은 전자기력에 비해 약한 힘입니다. 우리의 몸은
원자로 이루어져 있습니다. 원자 안에는 양성자와 중성자가 있
습니다. 양성자는 물체이기 때문에 당연히 무게가 있고, 무게가
있는 것은 중력이 있으므로 서로를 잡아당깁니다. 하지만 양성
자는 플러스 전하를 가지고 있기 때문에 양성자끼리는 플러스와
플러스가 충돌해 반발을 일으킵니다. 중력에 의한 인력과 전자
기력에 의한 반발력을 비교하면 중력이 훨씬 작다는 것을 알 수

있습니다. 중력과 전자기력의 크기는 무려 자릿수가 36개나 차이가 납니다. 중력의 크기를 1이라고 하면 전자기력은 1 뒤에 0이 36개나 붙는 거죠. 10^{36}이므로 1조의 1조 배의 1조 배만큼이나 크기가 다릅니다.

숫자로 말하면 선뜻 와 닿지 않을 수도 있으니 쉬운 예를 들어 봅시다. 자석은 철 같은 자성을 가진 물건을 잡아당깁니다. 이는 자석과 철 사이에 전자기력이 작용하기 때문입니다. 예를 들어 봅시다. 책상 위에 클립이 있는데 위에서 자석을 가까이 대면 클립은 책상을 떠나 자석에 달라붙습니다. 하지만 잘 생각해 보면 클립은 지구 중력의 영향을 받습니다. 클립은 그저 책상 위에 놓여 있는 것처럼 보이지만 사실은 지구의 중력이 끌어당기고 있었던 것입니다. 중력이 클립을 당기고 있기에 클립은 책상 위에 가만히 있을 수 있습니다. 자석을 가까이 댔을 때 클립이 딸려 올라가는 것은 거대한 지구가 끌어당기는 중력보다도, 작은 자석과의 사이에 발생한 전자기력이 더 크다는 증거입니다. 이렇게 작은 자석이 지구 전체적으로 작용하는 중력을 가뿐하게 이기고 물건을 들어 올리다니, 중력이 얼마나 작은지 상상이 되겠죠.

중력은 상호 소멸하지 않는다

그런데 왜 우리는 전기나 자석의 힘 같은 전자기력이 중력보다 강하다는 걸 믿지 않는 걸까요? 그 이유는 전자기력은 서로를 소멸시킬 수 있기 때문입니다. 우리 몸을 비롯해 물질은 모두 전자로 이루어져 있습니다. 원자는 정중앙에 전기적으로 플러스 상태인 원자핵이 있고, 그 주변을 전기적으로 마이너스인 전자가 돌고 있습니다. 원자핵이나 전자가 뿔뿔이 흩어져 있으면 전기의 큰 힘이 작동합니다. 하지만 원자라는 덩어리로 있을 때는 플러스 전하와 마이너스 전하가 서로를 소멸시켜 전체적으로 제로 상태입니다. 따라서 밖에서 보면 전기의 힘이 작용하고 있다는 걸 느낄 수 없는 것입니다.

그렇다면 중력은 어떨까요? 중력은 인력밖에 없기 때문에 모인다 해도 서로를 소멸시키지 않습니다. 따라서 중력은 모이면 모일수록 커지는 것입니다. 인간의 몸도 그렇지만 태양, 달, 지구 같은 커다란 천체도 전기의 힘은 상호 소멸되어 제로 상태이지만, 중력은 더하기밖에 없으므로 중력만 남아 우리는 중력만 느끼게 되는 것입니다. 그러므로 중력이 커서 중력을 느끼는 게 아니라 다른 더 큰 힘이 모두 소멸된 결과, 중력을 크다고 느끼게 된 것입니다. 원래는 돈이 많은데, 잔돈인 중력만 돈으로 느끼는 것 같은 상태인 거죠.

잠깐 옆길로 샜지만 중력은 무척 약한 힘이기 때문에 중력과 전자기력을 함께 설명하려는 통일 이론을 만들겠다는 아인슈타인의 꿈을 실현시키기 위해서는 먼저, 왜 중력은 이렇게 약한가에 대한 의문을 해결해야 합니다.

힘의 세기에 관해 생각할 때 중요한 것이 역선力線입니다. 학교에서 자석의 N극에서 S극을 향해 화살표가 그려진 그림을 본 적이 있을 텐데, 그것은 자력을 나타낸 자력선입니다. 전기의 힘도 중력도 자력과 마찬가지로 화살표로 나타낼 수 있습니다. 이 화살표가 많이 모인 장소는 힘이 강해집니다. 원자핵이나 전자 부근은 이 화살표의 밀도가 높아 힘이 강한 데 반해, 멀리 가면 밀도가 낮아져 힘이 약해집니다. 그러므로 가까이 가면 반발력이나 인력이 강해지고, 멀어지면 힘은 그다지 작용하지 않습니다.

이는 중력도 마찬가지입니다. 지구 바로 옆은 역선이 많기 때문에 중력이 강하게 작용하지만 멀어지면 멀어질수록 지구에 이끌리는 힘은 약해집니다. 그러므로 발사된 로켓이 멀리 가면 갈수록 점점 중력으로부터 자유로워져 무중력 상태가 되는 것입니다.

중력은 왜 약한 걸까?

그렇다면 다시 본론으로 돌아가 왜 중력이 약한가라는 문제에 대해 생각해 봅시다. 사실은 다차원 우주와 연관 지으면 중력이 약한 이유를 제대로 설명할 수 있습니다. 이 아이디어를 제창한 것은 니마 아르카니-하메드Nima Arkani-Hamed라는 인물인데, 필자가 버클리 캠퍼스에서 학생들을 가르치기 시작했을 무렵, 처음으로 같이 연구한 대학원생이었습니다. 우리가 살고 있는 3차원 공간이 막처럼 생겼다고 한다면 그 주변에 있는 것이 여분의 차원이 됩니다. 전자기력은 이 3차원 공간 안에 찰싹 달라붙어 있기 때문에 둘은 분리해도 강약이 3차원 공간 안에서만 작용합니다. 하지만 중력은 여분의 차원 방향으로도 작용한다면 어떨까요? 둘을 분리하면 중력은 3차원 방향뿐 아니라 여분의 차원 방향으로도 작용하기 때문에 점점 약해지는 거라고 볼 수 있습니다. 이것이 그가 생각한 이론입니다.

힘이 여분의 차원에 작용하면, 분명히 중력과 전자기력은 애초에 같은 종류일지도 모릅니다. 전자기력은 3차원 공간에 달라붙어 있고, 중력은 여분의 차원에도 작용한다는 차이를 인정하면 이 둘의 힘의 차이를 설명할 수 있게 됩니다.

이 이론이 발표된 것은 1998년입니다. 당시에는 많은 연구자에게 충격을 안겨주었고 그 후, 여분의 차원이라는 개념은 우주론을 이야기할 때 활발하게 거론되기 시작했습니다. 그의 주장은 단순합니다. 우리가 사는 우주는 다차원 공간이지만 우리는 3차원의 막 위에 살고 있다는 것입니다. 우리는 그 막을 브레인brane이라고 부릅니다. 뇌를 가리키는 브레인brain이 아니라 막膜을 뜻하는 영어 '멤브레인membrane'에서 '멤'만 떼고 브레인이라 부르는 것입니다.

그러면 브레인의 바깥쪽에 있다는 여분의 차원의 크기와 형태는 어떨까요? 그 부분을 명확히 하지 않으면 더 이상 연구가 진전되지 않기 때문에 과학자들은 우선 가장 단순한 경우를 생각해 보기로 했습니다. 바로 평평한 여분의 차원입니다. 단, 일반적으로 평평한 게 아니라 작고 둥글지만 휘지는 않은 여분의 차원입니다.

그런 게 어디 있냐고요? 우리는 작고 둥글면 당연히 휘었을 거라 생각할 것입니다. 하지만 그런 형태도 상상해 볼 수 있습니다. 예를 들어 도넛 표면은 어떤가요? 도넛의 표면은 밖에서 보면 곡면이 있습니다. 안에서 봐도 당연히 휘어 있죠. 어디서 보든 휘어 있지만 도넛 형태로 깊숙이 자르면 어떻게 될까요? 세로 방향으로 자른 다음, 가로 방향으로 다시 자르면 표면은 직사각형이 됩니다. 거꾸로 직사각형을 둥글게 말면 도넛 형태를 만들 수 있습니다.

즉 직사각형과 도넛 형태는 서로 변환할 수 있는 것입니다. 바꿔 말하면 직사각형과 도넛 형태는 같다고 할 수 있습니다. 지금 당장은 이 말을 믿기 어려울 수도 있습니다. 물론, 3차원 공간에서는 어려운 일입니다. 하지만 4차원 공간에서 도넛 형태를 만들면 표면이 평평한 도넛을 만들 수 있습니다. 직사각형으로 변환

우주가 정말 하나뿐일까?

할 수 있기 때문에 말이죠. 이렇게 생각하면 둥근 공간으로도 면을 만들 수 있습니다. 이 평평한 공간을 이용한 것이 가장 단순한 경우입니다.

여분의 차원으로 전달되는 중력이 있을까?

다음은 가장 간단한 여분의 차원 세계에서 중력을 비롯한 힘을 통일하는 문제에 대해 생각해 보겠습니다. 이 단계에서 문제가 되는 것이 어느 정도의 거리에서 힘이 통일되는가 하는 것입니다. 중력이 다른 힘과 같은 정도의 세기가 되면 힘이 통일되므로 그 현상이 일어나는 거리를 찾으면 됩니다. 현미경이나 가속기를 사용해 지금까지 조사한 거리는 10^{-17}미터 정도의 거리까지이므로 이 정도에서 통일이 된다고 가정하면 중력만 작용할 수 있는 여분의 차원의 크기를 계산할 수 있습니다. 만약 여분의 차원이 한 개뿐인 경우는 한 개 차원의 크기가 10^{13}미터(100억 킬로미터)가 됩니다. 지구에서 태양까지의 거리가 1억 5,000만 킬로미터이므로 그 100배 정도의 크기입니다. 이 정도의 크기라면 우리 눈에 보이지 않는 게 이상하죠.

그렇다면 여분의 차원이 두 개인 경우는 어떨까요? 이때 중력과 다른 힘이 통일될 수 있다고 가정하면 한 개의 차원의 크기가 0.1밀리미터가 됩니다. 이 정도 크기면 육안으로는 보이지 않으므로 눈에 보이지 않는다는 조건에 가까워집니다. 이렇게 생각해 가면 여분의 차원은 차원의 개수가 많아지면 많아질수록 작아도 존재할 수 있게 됩니다. 0.1밀리미터는 우리가 일상에서 사용하는 물체보다 작기 때문에 이 정도 크기라면, 실제로 그런 차원이 존재해도 육안으로는 느끼지 못합니다. 따라서 3차원 공간과 1차원 시간 이외의 여분의 차원은 두 개 이상의 차원이 있다면, 존재 가능하다는 얘기가 됩니다.

실제로 여분의 차원이 있다면, 그 여분의 차원에서는 중력이 어떻게 보일까요? 예를 들어 우리가 볼 수 있는 3차원의 세계가 얇은 막이라고 하면, 막 바깥이 여분의 차원입니다. 서로 떨어져 있는 두 물체 사이에 힘이 작용하면, 중력은 3차원 세계뿐만 아니라 여분의 차원에도 전해지고 위아래, 좌우 등 모든 방향으로 전해집니다. 물체와의 거리가 여분의 차원의 크기에 비해 가까울 때는, 멀어지면 멀어질수록 힘이 점점 약해집니다. 하지만 여분의 차원의 크기보다 더 멀어지면 힘이 그다지 약해지지 않는 현상이 발생합니다.

중력은 물체를 끌어당기는 힘을 가지고 있습니다. 우리가 평소에 느끼는 중력은 사물에서 어느 정도 떨어진 상태에서 보기 때문에 다른 힘보다 약하다고 느낍니다. 따라서 더 가까운 거리에서 중력을 측정할 수 있다면 여분의 차원 세계로 전달되는 중

우주가 정말 하나뿐일까?

력의 양을 측정할 수 있거나 여분의 차원 자체를 발견할 수 있을지도 모릅니다. 지금 세계 곳곳에서 연구자들이 이 실험에 매진하고 있습니다.

다차원 우주

7

여분의 차원의
존재

앞 장에서 우주에는 우리가 알고 있는 4차원 시공 외에 여분의
차원이 있을지도 모른다는 이야기를 했습니다. 하지만 여분의
차원의 존재는 아직 이야기만 되고 있을 뿐, 실제로 여분의 차원
을 봤다거나 포착했다는 사람은 없습니다. 이번 장에서는 현재
계획 중인 여분의 차원을 찾기 위한 실험을 소개하겠습니다.

여분의 차원으로 빠져나가는 중력

여분의 차원을 찾기 위해 제안된 몇몇 실험이 있는데, 첫 번째는
중력을 정밀 측정하는 장치를 두 개 만들어 서로 가까이 가져가
는 실험입니다. 이 방법으로는 아직 여분의 차원의 증거가 될 만
한 중력의 변화는 발견되지 않았습니다. 뒤집어 말하면, 여분의

여분의 차원의 존재

차원의 크기는 머리카락 굵기보다 작다는 것을 실험을 통해 알았다고 할 수 있겠죠.

두 번째는 입자가속기를 사용한 방법입니다. 입자가속기는 대단히 큰 장치입니다. 길이가 27킬로미터나 되는 터널을 뚫고 그 안에 5층 건물보다 큰 측정 장치를 여럿 설치합니다. 이것이 스위스 제네바 교외에 있는 거대강입자가속기LHC라는 장치입니다. 터널 안에서 두 개의 양성자를 가속시켜, 빛의 속도에 가까운 속도로 만든 다음 정면 충돌시키는 실험입니다. 굉장히 작은 여분의 차원의 존재를 찾기 위해 5층 건물보다 큰 장치를 만들어야 한다는 게 어쩐지 역설적인 느낌도 들지만 이 장치는 2008년부터 운전이 개시되었습니다.

이 LHC를 사용한 소립자 실험 중 하나가 아틀라스ATLAS 실험입니다(한국 연구팀은 또 다른 실험인 CMS에서 활동 중이다-감수자). 아틀라스 실험에는 일본인 출신 연구자도 참여하고 있는데, 장치의 일부를 제작·제공하거나 양성자를 충돌시켰을 때의 모습을 컴퓨터로 자세히 분석하는 일을 하고 있습니다. 자, 그러면 아틀라스 실험에서 여분의 차원을 조사하는 방법을 볼까요?

가속기에서 고에너지가 된 입자가 충돌한 순간을 생각해 봅시다. 전자기력이나 보통의 물질은 3차원의 막에 붙은 채로 있지만, 중력은 여분의 차원의 세계로 빠져나갈 수 있습니다. 입자를 고에너지로 충돌시키고, 그 일부가 여분의 차원의 세계로 빠져 나가면 에너지가 감소한 것처럼 보입니다. 이 실험은 바로 이 에너지가 감소하는 현장을 찾기 위한 것입니다. 발상은 참 단순합니다.

만약 에너지가 여분의 차원의 세계로, 중력의 형태로 방출된다면 입자를 충돌시키기 전과 후의 에너지 양이 일치하지 않는 이상한 현상이 발생할 것입니다. 이 에너지 양이 맞지 않는 부분을 실험을 통해 찾게 됩니다. 뿐만 아니라 더 극적인 현상이 일어날지도 모른다는 기대도 가지고 있습니다. 가까운 거리에서 에너지가 높아지면 중력은 다른 힘과 같은 정도의 세기가 됩니다. 거리를 점점 좁히면 중력도 강해지므로 극단적인 경우에는 블랙홀도 만들 수 있지 않겠냐는 기대도 하고 있습니다.

즉 가속시켜 에너지가 커진 입자를 충돌시키면 블랙홀이 만들어질지도 모릅니다.

블랙홀은 여분의 차원의 증거

이런 얘기를 하면 "블랙홀을 만들면 위험하지 않은가"라는 질문을 어김없이 받습니다. 우주에서 관측되는 블랙홀은 주변의 물질을 삼켜 버리고, 삼켜진 물질은 두 번 다시 바깥으로 나오지 못합니다. 그러므로 LHC가 실험을 통해 블랙홀을 만들면 지구를 삼켜버리는 게 아니냐는 소문이 생긴 거죠. 또한 "이런 위험한 실험은 그만두라"며 제지하기 위해 소송을 건 사람까지 있었습니다.

하지만 그건 완전한 오해이며 LHC에서 하는 실험은 안전성에 문제가 없습니다. 분명 블랙홀이 만들어질 가능성은 있지만 아주 작기 때문에 생성된 순간에 증발해 버리기 때문입니다. 이 사실은 저명한 물리학자인 스티븐 호킹 박사가 상당히 예전에 예언했습니다.

블랙홀은 깜깜한 죽음의 천체라는 이미지가 강하지만, 호킹 박사에 따르면 블랙홀은 열을 가지고 있다고 합니다. 열이 있다면 조금씩 열을 방출하게 됩니다. 열이 난다는 것은 에너지가 감소한다는 것을 의미하고, 에너지가 계속 감소하면 언젠가는 증발해버릴 것이라고 호킹 박사는 말했습니다. 게다가 블랙홀이 작으면 작을수록 온도가 높고, 빨리 증발한다는 사실을 계산으로 보여주고 있습니다.

만약, LHC의 실험에서 블랙홀이 만들어지면, 여분의 차원이 실제로 존재한다는 대단히 큰 증거가 됩니다. 비록 블랙홀이 생겼다 해도 고에너지의 입자를 방출하며 순간적으로 증발해 사라지고 맙니다. 고에너지의 입자가 방출되는 것을 통해 블랙홀이 생성됐다는 것은 알 수 있으나 금방 증발해 버리기 때문에 블랙홀이 지구를 삼킬 일은 없습니다.

LHC의 실험으로 블랙홀을 만들 수 있다면 여분의 차원의 존재는 확인되는 것입니다. 하지만 상세한 것까지는 알 수 없습니다. 단, 선형가속기Linear Collider라는 다른 종류의 입자가속기를 활용한 실험을 통해 여분의 차원의 성질을 상세하게 알 수 있을 걸로 기대하고 있습니다.

(국제)선형가속기 실험

선형가속기 실험에서는 양성자가 아닌 전자와 양전자를 사용합니다. 전자는 원자 주위를 맴도는 소립자이고, 양전자는 무게나 크기 등 소립자로서의 성질은 전자와 같지만 전기적인 성질이 반대인 입자입니다. 선형가속기 실험은 이 두 입자를 가속한 다음 충돌시키는 간단한 실험입니다. 하지만 이는 지금까지의 가속기 실험과 비교해도 아주 정밀한 기술이 요구되는 하이테크 실험입니다.

선형가속기 실험에서는 전자 집단과 양전자 집단을 각각 20킬로미터 정도 가속 충돌시키는데 마지막에는 원자 10개 정도의 크기, 즉 머리카락 굵기의 1만 분의 1 정도의 크기까지 줄여 그것을 충돌시킵니다. 20킬로미터나 되는 거리를 가속시켜 아주 작은 범위에서 충돌시키는, 믿기 어려울 정도로 섬세한 작업을 시도하는 것입니다. 따라서 한치의 실수도 인정되지 않는 정밀성이 요구됩니다. 이 실험은 아직 계획 단계지만 실현되면 여분의 차원의 성질 등 자세한 정보를 얻을 수 있을 것입니다. 일본도 유럽도 미국도 열심히 유치 경쟁을 펼치고 있는데 어디에 설치될지는 아직 결정되지 않았습니다.

선형가속기 실험에서는 전자와 양전자를 충돌시켜, 충돌 전과 후의 에너지 양이 맞지 않는 케이스를 찾습니다. 중력이 여분의 차원으로 에너지를 가지고 가 에너지에 차이가 생기기 때문입니다. 그리고 충돌하는 에너지를 변화시키면서 이 실험을 하다 보면 우리가 사는 우주가 몇 차원인지 알 수 있습니다. 이미 우리가 사는 우주는 4차원의 시공이 있다는 사실을 알고 있으므로 여분의 차원이 몇 개 존재하느냐에 따라 우리 우주에 정말로 몇 개의 차원이 있는지 알게 됩니다. 선형가속기 실험에서는 에너지를 변화시키면 차원의 개수에 따라 에너지 양이 맞지 않는 현상이 일어나는 빈도가 변합니다. 그 빈도를 조사하면 차원의 개수를 알 수 있게 됩니다.

그래서 실험을 통해 여분의 차원을 발견할 수 있다면 그 여분의 차원이 어떤 형태인지도 실제로 계측할 수 있을 것입니다.

우주가 정말 하나뿐일까?

휘어진 우주

지금까지 여분의 차원이 평평한 경우에 국한해서만 이야기했는데 평평하다는 증거는 어디에도 없습니다. 그렇다면 여분의 차원이 휘어 있는 경우는 어떨까요? 지금부터는 휘어진 차원에 대해 생각해 보려고 합니다. 여기서도 역시 3차원 막이 등장하는데, 우리가 살고 있는 3차원 막 외에 또 다른 3차원 막이 있다고 가정해 봅시다. 이 두 개의 막 사이에 여분의 차원이 펼쳐져 있습니다. 이 여분의 차원은 우리가 살고 있는 3차원의 세계에서는 작았던 것이, 또 다른 3차원 세계에 가까워질수록 공간의 크기가 넓어지기도 합니다. 이런 효과가 있는 여분의 차원을 휘어진 여분의 차원이라고 합니다. 우리가 살고 있는 3차원에 10원짜리 동전을 놓았는데, 여분의 차원을 통해 또 다른 3차원 공간으로 가면 동전은 크게 늘어나 태양계보다 커집니다.

이 아이디어를 낸 인물 중 가장 유명한 이가 미국의 물리학자인 리사 랜들 박사입니다. 그녀는 『숨겨진 우주*Warped Passages*』라는 책을 썼습니다. 워프~warp~, 즉 휘어 있다 하니 영화 〈스타트렉〉이나 〈우주전함 야마토〉가 떠오를지도 모르겠습니다. 우주는 광대하므로 일반적인 방법으로 여행을 한다면 목적지까지 수만 년이 걸릴 것입니다. 그런데 공간이 휘어 있다면 순간적으로 멀리 떨어진 곳까지 갈 수 있다는 얘기입니다. 이 워프~warp~라는 단어는

여분의 차원의 존재

사실 학술 용어이기도 합니다. 여분의 차원 공간이 정말 흐물흐물하게 휘어있다면 3차원 공간을 따라 멀리 돌아가는 것보다 빨리 갈 수 있을 것이라는 개념이 바로 워프입니다. 그러므로 워프란 공간이 휘어 있음을 가리키는 것이고, 우주전함 야마토가 공간 이동이 가능한 것도 여분의 차원 공간이 만약 흐물흐물하게 휜다면 지름길도 있다는 걸 보여주는 영화입니다.

휘어진 우주에는 어떤 것들이 있을까요? 그 예를 들어봅시다. 우리가 하나의 3차원 공간의 막에 있다고 합시다. 그리고 또 다른 3차원 공간의 막이 있습니다. 중력은 그 사이의 여분의 차원 공간을 움직일 수 있으므로 여분의 차원 공간의 어느 곳에서든 볼 수 있습니다. 가령 중력의 원천이 또 다른 3차원 공간에 있고 우리가 있는 3차원 공간에서 볼 수 있는 중력은 그 일부일 뿐이라고 합시다. 또 다른 3차원 공간에서는 대단히 큰 중력이 우리가 사는 쪽에서는 아주 작아지는 일이 생길 수 있다는 것입니다.

중력의 원천이 있는 또 다른 3차원 공간에서는 중력이 강해 다른 힘과 통일될 수 있지만 우리가 사는 공간에서는 중력이 너무 약해져서 전자기력과 비교했을 때 아주 작아질 수도 있다는 얘기입니다. 이렇게 생각하면 중력이 약한 이유를 설명할 수 있지 않겠느냐는 것이 리사 랜들의 이론입니다.

이 이론의 장점은 여분의 차원을 아주 작게 만들 수 있다는 것입니다. 여분의 차원이 작으면 중력의 크기도 극적으로 변하기 때문에 효율적인 방법이 될 수 있습니다. 원자핵의 크기보다 1만 분의 1 정도로 작은 여분의 차원 공간에서도 중력의 변화 정도가 크기 때문에 이론적으로 이치가 맞습니다. 이것이 비틀린 공간의 강점입니다.

불확정적인 여분 차원의 공간

다만, 여분의 차원 공간이 원자핵의 1만 분의 1 정도의 크기밖에 안 된다면 미시적 세계의 물리법칙을 생각할 필요가 있습니다. 이 우주에 있는 것이나 에너지는 몇몇 물리법칙에 따라 행동합니다. 우리 눈에 보일 정도의 크기는 뉴턴역학으로 거의 설명할 수 있습니다.

다만, 물체가 빛에 가까운 속도까지 됐을 때, 뉴턴역학으로는 설명할 수 없는 현상이 일어납니다. 거대한 중력 주변에서 일어나는 현상도 그렇습니다. 이 부분에 대해 자세히 설명해 주는 것이 아인슈타인의 상대성이론입니다. 상대성이론의 등장으로 뉴턴역학은 상대성이론 내의 한 특별한 상황이라고 이해되고 있습니다.

그리고 현미경 등으로 작은 것들을 볼 수 있고, 원자나 전자 등을 조작할 수 있게 되자 미시 세계의 물리법칙이 밝혀졌습니다. 미시 세계 물질의 움직임을 설명하는 이론은 양자역학이라는 이론으로 정리되어 있습니다. 단, 양자역학이 보여주는 물질의 움직임은 우리가 일상생활에서 경험하지 못했거나 잘 이해되지 않는 것이기도 합니다. 여분의 차원 공간도 원자보다 작다면 그 안에서 움직이는 입자, 힘, 파동 등은 양자역학의 법칙에 따릅니다. 여기서 양자역학이란 무엇인지 복습해 봅시다.

양자역학의 기본 원리 중에 불확정성원리라는 것이 있습니다. 이 원리 덕분에 미시 세계에서는 전자 같은 작은 물질의 장소와 속도를 동시에 정할 수 없습니다. 우리가 활동하는 세계에서는 어떤 것의 장소와 속도를 동시에 구할 수 있습니다. 자동차나 전차, 비행기 등도 어디를 어느 정도의 속도로 움직이고 있는지 알 수 있고, 지구를 비롯한 태양계 천체도 장소와 속도를 동시에 알 수 있습니다.

다만, 미시 세계에서는 운동하는 물질의 장소와 속도를 동시에 구할 수 없습니다. 장소를 정하면 속도가 부정확해지고, 속도를 정하면 장소가 부정확해집니다. 또, 어떤 실험을 했을 때 어떤 결과가 나올 것인지는 매번 예언할 수 없습니다. 이는 실험에 따른 결과는 매번 달라서 예언할 수 없다는 뜻입니다. 하지만 실험을 거듭하다 보면, 전체적으로 어떤 패턴인지 이미지화할 수 있습니다. 그리고 파동인 줄 알았던 것이 입자이거나, 입자라고 생각했던 것이 파동이기도 하는 등 선문답 같은 일도 일어납니다.

존재 이유-불확정성

불확정성원리는 파동과 상당히 밀접한 관계가 있습니다. 파동은 넓은 곳에 있을 때는 작고 얌전하지만, 좁은 곳에서는 키가 자랍니다. 즉 파동은 좁은 곳에 가두면 크게 흔들리는 특징이 있습니다. 양자역학의 세계에서는 양자 같은 입자도 파동처럼 행동할 거라 예상되고 있습니다. 입자 중에도 파동 같은 성질이 있다고 한다면, 작은 곳에 밀어 넣으려 하면 격하게 요동칠 것입니다. 그러므로 장소를 정하려고 하면 운동을 알 수 없게 되고 운동을 정하려고 하면 장소를 알 수 없게 됩니다. 우리 생각에 입자는 확실히 위치를 알고, 어느 곳을 향해 운동하는지도 아는 존재일 것 같지만, 미시 세계에서는 파동처럼 다소 불규칙하고 애매하게 퍼지는 존재의 이미지가 되는 것입니다.

그런데 파동 두 개를 겹치면 줄무늬가 생깁니다. 널리 알려진 예로는 인쇄나 컴퓨터 그래픽 등에서 볼 수 있는 무아레moiré나 뉴턴의 원무늬 등이 있습니다. 보통 입자는 이런 줄무늬를 만들지 않는 것으로 여겨지지만 입자이기도 하고 파동이기도 한 전자는 어엿한 줄무늬를 만듭니다. 실험을 통해서도 확인할 수 있습니다. 전자를 한 개 한 개 검출기에 대고 날리면 처음에는 산발

적으로 흩어지면서 부딪히는 것처럼 보이지만 개수가 많아지면 점점 줄무늬가 보입니다. 하나하나의 전자가 어디에 부딪히느냐는 예측할 수 없습니다. 하지만 많은 양의 전자를 투입함으로써 파동 특유의 현상인 줄무늬 패턴이 형성되는 것입니다.

원자는 원자핵과 전자로 이루어져 있습니다. 원자를 더 자세히 들여다보면 전자가 원자핵 주위를 빙글빙글 돌고 있습니다. 돌고 있다는 것은 전자는 항상 운동 방향을 바꾸고 있다는 뜻입니다. 전기를 띤 것이 운동 방향을 바꾸면 빛이 나오는데 전자가 원자핵의 주변에서 빛을 발하면 조금 곤란한 일이 생깁니다. 빛을 발한다는 것은 전자가 가지고 있는 에너지가 감소한다는 뜻이므로 점점 원자핵 방향으로 이끌려가다 결국은 원자핵과 충돌하여 원자 자체가 붕괴하고 맙니다. 그러면 우리 몸은 1초도 견디지 못하고 산산조각 나겠죠.

참고로 원자 한 개를 사과 크기 정도로 확대하면 사과는 지구만 해집니다. 원자는 아주 작기 때문에 미시 세계의 양자역학이 적용됩니다. 때문에 전자는 파동이라는 것이 중요해집니다.

우리 몸이 산산조각 나지 않고 유지되는 것은 사실 양자역학 덕분입니다. 양자역학의 세계에서 전자는 붕괴하지 않도록 되어 있습니다. 우리 느낌으로는 원자핵 주변을 도는 전자는 입자 형태이므로 빙글빙글 돌면서 빛을 방출하고, 원자핵 쪽으로 끌려

가다가 붕괴할 것 같지만, 양자역학에서 전자는 입자의 성질과 파동의 성질을 둘 다 가지고 있습니다. 그래서 원자핵 주위에 전자를 두면 원자핵 주변에 원 모양의 파동을 그립니다. 이 파동은 한 바퀴 돌아 원래의 장소로 돌아와야 합니다. 안 그러면 원자핵 주변에 파동의 형태로 존재할 수 없기 때문이죠. 이런 조건에서는 물결치는 횟수가 정해지고, 그 횟수에 의해 원자핵 주변을 도는 전자의 궤도가 결정됩니다. 그 궤도를 점점 작게 만들어 가다 보면 어느 지점에 이르러서는 더 이상 작아질 수 없게 됩니다.

아주 작은 전자는 입자와 파동, 두 가지 성질을 모두 가지고 있기 때문에 파동으로서 정확히 한 바퀴 돌아 원래의 장소로 돌아오기 위해 최소 궤도가 정해져 있습니다. 때문에 원자는 붕괴하지 않고 존재할 수 있는 것입니다.

여분의 차원 내부의 암흑물질

원자가 붕괴하지 않는다는 것은 사실 여분의 차원과 관련이 있습니다. 여분의 차원은 아주 작을 것으로 추측되기 때문에 그 안을 움직이는 입자도 작을 것입니다. 따라서 양자역학이 말하는 입자와 파동의 양면성을 모두 가지고 있습니다. 입자의 파동은 기타의 줄이 진동하는 것과 아주 비슷합니다. 기타 줄을 손가락으로 튕기면 진동하며 소리를 냅니다. 이때, 현의 길이를 바꾸면

음의 높이도 변합니다. 기타의 줄을 눌러 진동하는 부분을 짧게 만들면 음이 높아지고 길게 하면 낮아집니다. 기타 줄은 세게 누르지 않아도 음이 변하는 경우가 많습니다. 누르는 게 아니라 줄에 가볍게 손만 대도 소리가 변하는데, 이런 기법을 하모닉스라고 부릅니다.

예를 들어 줄 한가운데에 손가락을 대면 가운데가 움직이지 않으니까 두 개의 파동이 생겨 진동합니다. 줄을 누르면 파동이 일어나는 줄의 길이가 짧아지므로 음이 높아집니다. 손을 대는 장소를 2분의 1, 3분의 1, 4분의 1 이런 식으로 옮기면 음은 점점 높아집니다. 줄을 누르면 진동하는 줄의 길이가 변하면서 음 높이가 달라지는 것입니다. 이에 반해 기타줄에 가볍게 손만 댄 경우는 진동하는 줄의 길이는 변하지 않지만 진동했을 때 발생하는 파장의 길이가 변하기 때문에 다양한 높이의 음을 만들 수 있습니다.

진동하는 길이가 변하지 않아도 다양한 음을 낼 수 있는 성질은 기타 줄뿐만 아니라, 여분의 차원에도 해당됩니다. 여분의 차원의 크기가 정해져 있는 경우, 그 안에서 움직이고 있는 입자도 파동의 성질을 가지고 있습니다. 따라서 파동 치는 횟수가 1회인 경우, 2회인 경우, 3회인 경우 등 각각의 경우에 따라 운동의 형태도 정해져 있는 것입니다. 즉 여분의 차원 세계에서는 내부의 입자가 아무렇게나 움직일 수 없습니다. 입자도 파동으로서 존재하기 때문에 에너지는 연속적이지 않고 띄엄띄엄 값을 갖습니다. 여분의 차원의 입자는 파동 치는 횟수가 많아지면 많아질수록 높은 에너지를 갖습니다. 에너지가 가장 적은 것은 1회 분량의 파동만 만드는 입자입니다.

우리는 여분의 차원 세계를 볼 수 없습니다. 만약 우리가 여분의 차원 세계에서 움직이고 있는 입자를 본다면 그 입자는 멈춰 있는 것처럼 보입니다. 하지만 그 입자는 여분의 차원에서 움직이고 있기 때문에 에너지는 높습니다.

여기서 아인슈타인이 도출한 $E=mc^2$라는 식을 상기해 봅시다. 이 식은 에너지와 질량은 교환 가능하다고 말합니다. 큰 에너지는 질량, 즉 무게로 치환할 수 있기 때문에 아무것도 하고 있지 않은데, 에너지가 큰 입자는 우리 눈으로 보면 무거운 입자로 비치는 것입니다. 즉 여분의 차원에서 운동하고 있는 입자는 운동 에너지의 크기에 따라 무게가 달라집니다. 게다가 그 무게는 일정한 규칙성을 가진 값이 되며 이런 입자가 많은 것처럼 보입니다.

여기서 다시 우주 얘기로 돌아가면, 여분의 차원에서 운동하고 있는 입자가 우주의 암흑물질, 즉 dark matter가 아닐까 하는 의견이 주목을 받고 있습니다. 여분의 차원에서 운동하는 입자는 우리 눈에는 멈춰 있지만 큰 에너지를 가지고 있는, 즉 무거운 입자로 보입니다. 암흑물질은 우리 눈에 보이지 않는 무거운 입자이기 때문에 바로 여분의 차원에서 운동하는 입자라고 생각하면 논리가 맞는 부분이 있습니다. 지금 암흑물질을 포착하기 위해 몇몇 관측 계획이 실행 중입니다. 아직 암흑물질의 정체를 밝혀내지는 못했지만 어쩌면 여분의 차원 세계를 운동하고 있는 입자인지도 모릅니다.

Q&A

질문 블랙홀과 암흑물질은 어떻게 구분하나요?

무라야마 암흑물질의 후보로서 보이지 않는 별을 생각했던 적도 있었지만 몇몇 실험을 통해 암흑물질은 원자로 이루어지지는 않았다는 걸 알게 되었습니다. 지금은 보이지 않는 별이라 하면 블랙홀을 가리킵니다. 암흑물질의 정체를 연구하는 과정에서 자그마한 블랙홀이 암흑물질 후보로 떠오르기도 했지만, 그렇지 않다는 게 확실해졌기 때문에 구별할 수 있습니다.

질문 전자기력은 3차원 공간에서만 작용하는데, 중력은 여분의 차원 공간에도 영향을 미치는 이유가 뭘까요? 중력은 특별한가요?

우주가 정말 하나뿐일까?

무라야마 아주 좋은 질문이군요. 지금 이 질문은 어째서 전자기력은 우리처럼 3차원에 딱 붙어있는데, 중력만 밖으로 나갈 수 있느냐는 뜻으로 해석할 수 있겠습니다. 아인슈타인이 말하기를, 중력이라는 것은 공간 자체와 관련된 것이지, 물체를 잡아당기거나 하는 것과는 다르다고 했습니다.

예를 들어, 지구는 태양 주위를 돌고 있습니다. 바로 중력 때문인데요, 아인슈타인은 지구가 태양 주위를 도는 것은 태양 주변의 공간이 휘어 있기 때문이라고 말했습니다. 이는 고무막 위에 무거운 해머를 올리면 가라앉는 것과 비슷합니다. 큰 중력을 갖는 태양을 공간에 두면, 해머 주위의 고무막이 푹 꺼지는 것처럼, 공간도 그렇습니다. 고무 막이나 공간이 가라앉는다는 것은 휜다는 얘기입니다. 그 휜 부분에 다른 공을 두면 데굴데굴 굴러 중심 방향으로 다가갑니다.

아인슈타인은 중력이란 공간을 휘게 하는 것이라고 생각했습니다. 휘어 있는 공간 위에 지구라는 공을 아주 잘 던지면 태양 주위를 지속적으로 빙글빙글 돌게 됩니다. 이것이 태양계의 천체가 태양 주위를 도는 이유인 것입니다.

즉 중력은 공간의 성질로 설명할 수 있기 때문에, 여분의 차원도 공간임에 틀림없으므로 공간인 한은 중력의 작용으로 인해 휘는 것이라 생각할 수 있는 것입니다. 휜다는 것은 힘이 미친다는 뜻이므로 중력은 여분의 차원에 대해서도 작용할 수 있는 게 아니냐는 거죠. 중력은 특별 대우를 받고 있어 어떤 차원이라도 움직일 수 있는데, 전자기력은 3차원 막에 딱 붙어 있습니다. 이렇게 생각해 볼 여지도 충분히 있는 겁니다.

여분의 차원의 존재

질문 여분의 차원으로 중력장이 움직인다고 하는데, 그럼 중력자 graviton라는 건가요?

무라야마 중력자도 여분의 차원을 운동하는 입자의 유력한 후보 중 하나지만, 그 밖에도 후보는 더 있습니다. 예를 들어 보통의 빛이 여분의 차원을 운동할 수 있다고 한다면 그것도 후보가 됩니다. 빛이라면 보이지 않겠냐고 생각할 수 있지만 사실 빛과 빛은 서로 반응하지 않습니다. 왜냐하면 빛은 전기를 띠지 않으므로 빛을 빛으로 볼 수는 없는 것입니다.

우리가 빛을 볼 수 있는 것은 빛이 눈 안의 망막에 닿았을 때 전자가 신경 세포 안을 흐르기 때문입니다. 그러므로 우리는 빛 그 자체를 보고 있는 게 아니라 빛이 닿아 방출된 전자를 보고 있는 것입니다. 빛이 여분의 차원 세계에서 운동하는 경우, 그 모습은 빛으로는 볼 수 없습니다. 다만, 여분의 차원 세계에서 운동하는 전자가 있다면 그 전자를 빛에 충돌시킴으로써 볼 수 있지만 우리가 알고 있는 전자는 여분의 차원 세계로는 나가지 않기 때문에 여분의 차원 세계에 빛이 닿아도 반응하지 않습니다. 그런 이유로 여분의 차원 세계에서 운동하는 빛이 있다면 그것도 암흑물질의 후보가 됩니다.

질문 광자는 전자기력이 되지 않습니까? 방금 전의 설명대로라면 전자기력은 3차원 막에 붙어 있는 거 아닌가요? 어떻게 여분의 차원 세계로 나올 수 있나요?

무라야마 여분의 차원은 여러 가지 버전이 존재할 가능성이 있습니다. 아까는 여분의 차원으로는 중력만 나올 수 있는 경우에 대해 얘기했는데, 예를 들어 물질은 3차원 막에 붙어 있고, 전자기력이 여분의 차원 세계로 나올 수 있는 경우도 생각해 볼 수 있죠. 그래도 현재 알려진 현상과는 모순되지 않습니다. 이 경우는 물질은 여분의 차원으로 나오지 못하지만 중력과 빛은 여분의 차원으로 나올 수 있습니다. 여기서 중요한 것은 여분의 차원에는 다양한 가능성이 있기 때문에 아직 정답은 알 수 없다는 것입니다.

질문 암흑물질을 찾기 위해 지하에 장치를 만들었는데요, 다른 물질과 반응하지 않는 암흑물질을 어떻게 찾죠?

무라야마 암흑물질은 은하단끼리 충돌했을 때도 그냥 빠져나가는 것에서도 알 수 있듯이 보통의 물질과 거의 반응하지 않습니다. 하지만 많은 물질과 충돌하는 곳을 조사하면 아주 조금이라도 반응하는 부분이 있지 않을까 하는 기대가 있습니다. 약간 희망적인 관측처럼 들릴지도 모르지만 실제로 경험해 보지 않으면 알 수 없기 때문에 아주 조금이라도 반응해 주기를 바라며 실험을 하고 있습니다.

XMASS 실험에서는 암흑물질 검출기 안에는 액화한 제논크세논이 들어 있습니다. 암흑물질이 검출기 안에 들어와 제논크세논의 원자핵에 아주 조금이라도 닿으면 주위의 전자가 영향을 받아 희미한 빛이 방출됩니다. 그 희미한 빛을 포착하려는 것이죠. 암흑물질은 보통의 물질과 거의 반응하지 않는 걸로 예상되고 있기 때문

여분의 차원의 존재

에 1년에 몇 번, 10년에 10회 정도 반응을 포착하면 대발견이라 할 수 있는, 대단히 인내심이 필요한 작업이며 그만큼 더디게 진행될 수밖에 없는 실험입니다.

8

우주가 정말
하나뿐일까?

앞 장에서는 다원 우주 중에서도 다차원 우주에 대해 다뤘습니다. 이번 장에서는 다원 우주, 복수의 우주가 있을 수 있다는 개념에 대해 이야기하겠습니다. 우주는 하나가 아니라 여러 개일 수도 있다는 건데, 우주의 진짜 모습은 어떤 것인지에 대해 생각해 봅시다.

3차원 샌드위치

지금까지의 내용을 정리하면, 다차원 우주란 우주 자체는 하나이고 우리가 볼 수 있는 3차원 공간 외에도 다른 방향이 있다는 것이었습니다. 하지만 다원 우주는 그 전제가 크게 바뀝니다. 우주 자체가 하나가 아니라 여럿 존재한다는 것이 다원 우주입니다.

다원 우주라는 아이디어의 한 예로, 3차원 공간이 샌드위치처럼 여러 층 존재하는 경우를 생각해 볼 수 있습니다. 이는 우리가 생활하는 3차원 공간이 여럿 있지 않겠느냐는 개념이죠. 하지만 이 경우는 많다고 해도 전체적으로 보면 한 공간 안에 포함됩니다. 이 말은 하나의 우주 안에 우리가 실제로 볼 수 있는 공간과 비슷한 3차원 공간이 여럿 있다는 것에 불과합니다. 실제로 무거운 것을 하나의 3차원 공간 안에 두면 다른 3차원 공간에 그 영향이 미칩니다. 예를 들어 샌드위치의 제일 아래쪽에 있는 빵을 우리가 사는 우주라고 하고 이것을 [우주 1], 그 바로 위에 있는 빵을 [우주 2], 계속해서 그 위를 [우주 3], [우주 4], [우주 5], [우주 6]이라고 합시다. [우주 2]에 있는 별이나 물질은 우리 우주에 있는 별이나 물질과 충돌하거나 반응할 수 없습니다. 하지만 3차원 방향에서 가까이 오면 중력으로는 서로 끌어당깁니다. 어쩌면 암흑물질은 중첩된 다른 우주의 물질일지도 모른다고 생각하는 사람도 있습니다.

우주의 가지 뻗기

그러면 정말 우주가 많다는 것은 어떤 걸까요? 최근 이에 대한 논의가 활발히 이루어지고 있습니다. 사실 이와 비슷한 논의는 앞 세대에서도 있었습니다. 양자역학 세계에서 입자는 파동의 성질도 함께 가지고 있다고 했고, 전자를 하나씩 발사하는 실험 얘기를 했습니다. 하나의 전자를 발사하면 검출기 어디에 닿을지 알 수 없습니다. 하지만 어딘가에는 닿습니다. 어디라도 좋지만 무슨 이유에서인지 어느 한 점에 닿습니다. 참 이상한 현상이죠.

그리고 이를 이상하게 생각한 물리학자 휴 에버렛Hugh Everett은 "이 우주에서 전자는 어디에나 떨어졌다. 모든 곳에 떨어진 것이다"라고 했습니다. 이는 아주 기발한 의견처럼 들릴지도 모르겠습니다. 그리고 이어서 이렇게 말했습니다. "전자는 모든 곳에 떨어졌지만 그 우주가 가지를 쳤다"라고 말이죠. 그의 생각에 의하면 우주는 가지를 치고 있고, 검출기 곳곳에 전자가 닿은 우주가 각각 존재하는 게 됩니다. 그러므로 매번 실험을 할 때마다 전자는 검출기의 어딘가에 닿기 때문에 그 밖의 장소에 닿은 우주라는 것이 가지를 쳐 나갑니다. 우주는 이런 식으로 점점 증식한다는 얘기입니다. 이는 양자역학의 다세계 해석이라는 이름이 붙어 있는데, 이것이 복수의 우주에 대해 논의하기 시작한 첫 예라고 생각합니다.

팽창을 가속화하는 에너지

이처럼 우주가 여러 개 있다는 개념은 생각하면 할수록 혼란스러운데 왜, 지금, 이런 개념이 주목을 받는 걸까요? 그것은 우주의 커다란 수수께끼 중 하나인 암흑에너지 문제와 관련이 있기 때문입니다.

우주를 구성하는 모든 에너지의 내역을 조사해 보면, 별이나 은하는 전체 에너지의 0.5% 정도밖에 되지 않습니다. 우주에 존재하는 원자를 전부 모아도 전체의 4% 정도입니다. 그리고 암흑물질은 23% 정도 존재합니다. 하지만 이 책 첫 부분에서 언급한 것처럼 아직 우주에는 남은 에너지가 있습니다. 이 에너지는 정체불명이기 때문에 암흑에너지라고 불립니다. 우주 전체 에너지의 73%나 차지하고 있는데 그 정체를 전혀 알지 못하는 것입니다. 우주에서는 가끔 항성이 최후에 대폭발을 하여 대단히 밝은 빛을 내는 초신성 폭발이라는 현상이 일어납니다. 5장에서 얘기한 것처럼 이 초신성 폭발을 조사하는 과정에서 우주의 팽창이 가속하고 있음을 알게 되었습니다. 우주는 빅뱅 이후, 계속 팽창하고 있습니다. 지금까지는 팽창 속도가 점점 느려지고 있다고 여겨져 왔는데, 최근에 팽창 속도가 빨라지고 있다는 사실이 밝혀졌습니다. 공을 위로 던지면 지구의 중력으로 인해 결국 땅으로 떨어지는 것처럼, 우주도 언젠가는 팽창을 멈추고 우주 전체의 중력이 서로를 당겨 수축할 것이라고 추측되어 왔는데, 팽창 속도가 빨라지고 있다는 관측 결과는 이 시나리오를 다시 쓰고 말았습니다.

우주의 팽창 속도가 빨라지고 있다는 것은 위로 던진 공이 속도가 점점 느려지다가 곧 땅으로 떨어질 거라 예상했는데, 갑자기 다시 속도를 높여 위로 솟구치는 것처럼 이상해 보입니다. 팽창이 가속하고 있다는 것은 이유는 알 수 없지만 에너지가 증가하고 있다는 뜻입니다. 잘은 모르겠지만 에너지가 증가함으로써 팽창 속도가 빨라지고 있습니다. 그리고 그 에너지가 암흑에너지일 것으로 추측되고 있는 것입니다. 암흑에너지는 우주의 운명을 쥐고 있는 중요한 존재입니다. 우주의 팽창 속도가 너무 빨라져 무한대가 되면 우주는 갈기갈기 찢겨, 기본적으로 종말을 맞게 됩니다. 사실 암흑에너지의 정체도 양자역학과 관련이 있을지도 모르는 것입니다.

이론물리학 최악의 예언

양자역학에서는 불확정성원리가 작용한다고 했는데, 에너지에서도 조금 이상한 일이 일어납니다. 파동의 성질도 함께 가지고 있는 입자는, 좁은 곳에 갇히면 상당히 격하게 요동을 칩니다. 그러므로 미시 세계에서 입자를 짧은 시간 동안 관측하면 대단히 큰 에너지를 가지고 있는 것처럼 보이죠. 아주 짧은 시간이라면 다른 것에서 에너지를 빌려올 수도 있습니다. 에너지를 빌린다는 것은 우리가 사는 세상에서는 생각할 수 없는 일입니다. 우리

세상에는 에너지보존법칙이라는 게 있어 운동 전후의 에너지는 같아야 하므로 에너지를 빌리고 빌려주는 행위는 해서는 안 되는 것으로 되어 있습니다.

하지만 양자역학에서는 잠깐 동안이라면 빌릴 수도 있다고 되어 있어 에너지보존법칙이 깨진 것처럼 보입니다. 이 현상은 빚을 지는 것과 아주 비슷합니다. 빚을 지는 게 좋지 않다는 건 알고 있지만 갑자기 돈이 필요하면 빌리게 됩니다. 다만, 많이 빌렸다면 빨리 갚아야 합니다. 조금만 빌렸다면 상환에 여유가 있지만 많이 빌린 경우에는 독촉을 받게 되니까요.

양자역학의 경우는 돈이 아닌 에너지를 빌립니다. 빌린 에너지로 입자나 반입자를 만드는 것입니다. 가벼운 입자 · 반입자는 에너지가 별로 없기 때문에 오랫동안 존재할 수 있지만 무거운 것은 바로 돌려줘야 하므로 존재하는 시간도 짧아집니다.

우리는 진공을 아무것도 없는 텅 빈 공간이라고 생각하지만, 사실 진공 안에서도 입자와 반입자는 수없이 많이 생겼다가 소멸되고 있습니다. 진공 안에서는 에너지의 차입과 대출이 일어나고, 수많은 입자와 반입자가 생겼다가 사라지기를 반복하고 있는 것입니다. 그러므로 진공이라고 생각하는 것들에는 에너지가 많을지도 모릅니다. 이런 에너지를 진공에너지라고 부릅니다.

『반야심경』에 "색즉시공, 공즉시색色即是空, 空即是色"이라는 말이 있습니다. 색이란 물질적인 세계라는 뜻입니다. 공은 텅 비었음을 뜻한다고 해석해도 되지만 불교적인 의미로는 색, 즉 물질적인 세계를 만드는 법칙을 말하는 것 같습니다. 공이 텅 빈 것을 뜻한다 했을 때, 공즉시색은 '텅 빈 것인 줄 알았던 것이 사실은 만물'이라고 해석할 수 있습니다. 그야말로 아무것도 없는 줄 알았던 진공이 사실은 에너지를 가지고 있고, 입자와 반입자의 생성과 소멸을 반복하고 있을지도 모르는 일입니다.

이 생성과 소멸을 반복하는 입자는 정말로 존재합니다. 예를 들어 두 개의 금속판을 평행하게 둡니다. 그리고 어느 쪽도 정전기가 없음을 확인합니다. 일반적으로 생각하면 이 금속판 사이에는 인력도 척력도 없을 것입니다(6장에서 얘기한 것처럼 중력은 너무 약해서 여기서는 무시하겠습니다). 하지만 두 금속판 사이의 진공에서 빛의 입자인 광자가 생성과 소멸을 반복하고 있으니 광자의 파동이 금속판의 영향을 받게 됩니다. 7장에서 얘기한 것처럼 금속판의 거리에 따라 파동의 파장이 변하는 것입니다. 때문에 금속판 사이에는 약하지만 인력이 작용합니다. 이는 실험을 통해 증명되었고 카시미르 효과casimir effect라고 불립니다.

그리고 그 진공이 팽창하여 커지고 있습니다. 팽창하여 부피가 커진 만큼 에너지도 커지기 때문에 진공에 에너지가 있다면 이치가 맞는 경우가 많습니다. 그리고 그 진공에너지가 암흑에

191

너지인 건 아닐까 추측하게 되었습니다.

　그렇다면 진공에너지가 존재한다고 가정하고, 크기는 어느 정도일까요? 대강 계산해 보니 상당히 큰 숫자가 나왔습니다. 현재 예측하고 있는 암흑에너지의 양에 비해 자릿수가 120개나 더 큽니다. 즉 1,000,000,000,000,000,000,000,000,000,000,000,000,00 0,000,000, 000,000,000,000,000,000,000,000,000,000,000,000,00 0,000,000,000,000,000,000,000,000,000,000배나 되는 너무 큰 결과입니다. 암흑에너지의 양이 가령, 현재 예측되는 양의 20배만 되어도 우주는 별이 생기기도 전에 산산조각이 났을 테고 우리는 존재할 수 없게 됩니다. 그런데 자릿수가 120이나 된다니, 이건 말도 안 되는 숫자입니다. 이는 '이론물리학 최악의 예언'이라 해도 좋을 정도입니다.

　그런데 진공에너지의 수치는 왜 이렇게까지 커지는 걸까요? 중력과 양자역학의 세계를 함께 생각하면 아주 이상한 답이 나오기 때문입니다. 중력이 불확정성원리에 따르려 하면, 요동이 너무 강해서 알 수 없는 답이 나옵니다. 요동이 커지는 것은 소립자를 점으로 취급하는 데 그 원인이 있는 게 아닐까 추측하게 되었습니다. 그리고 그 문제를 해결하기 위해 등장한 것이 초끈이론입니다.

초끈이론과 블랙홀

지금까지 전자 등의 소립자는 크기를 갖지 않는 점으로 여겨져 왔습니다. 하지만 소립자를 그저 점으로만 생각하니 앞뒤가 맞지 않는 상황이 발생하게 되었습니다. 그래서 등장한 것이 소립자는 사실 끈이라고 생각하는 이론입니다. 이것이 초끈이론으로 이어지는 최초의 생각이었습니다.

소립자가 사실은 끈이었다는 것은 대단히 엉뚱한 발상인 것 같을 겁니다. 어떻게 하면 지금까지 점이었던 것을 끈이라고 생각할 수 있을까요? 초끈이론에서 말하는 끈은 아주 작아서 길이가 10^{-33}센티미터입니다. 소수점 뒤에 0을 32개 나열한 다음 1이 올 정도로 작기 때문에 우리는 볼 수가 없습니다.

초끈이론에서는 우리가 소립자라고 생각했던 것이 사실은 끊임없이 진동하는 끈인데, 너무 작기 때문에 점으로 착각했다는 것입니다. 만약 이런 생각이 맞다면 우주의 모습도 크게 바뀔 것입니다. 우선 우주는 10차원이 되어야 합니다. 1차원의 시간과 9차원의 공간이 존재해야 하기 때문에 우리 눈에 보이는 3차원 공간 외에 작은 여분의 차원이 6개 더 존재하게 됩니다. 더불어 브레인이라 불리는 3차원 공간의 막도 분명히 존재하며, 물질은 그 막에 붙어 있다는 가설도 이론적으로 들어맞게 됩니다.

그뿐 아닙니다. 초끈이론은 양자역학 이론과 중력이론, 즉 상대성이론을 모두 포함한 이론입니다. 지금까지 많은 연구자들이 도전했다가 실패한 힘의 통일도 가능해집니다. 이 우주에 작용하는 모든 힘을 설명할 수 있다는 것은 모든 자연현상을 설명할 수 있다는 뜻입니다. 원리적으로는 자연과 관계된 모든 숫자, 전자의 무게나 전자기력의 강도 등을 계산할 수 있다는, 꿈 같은 이론이 될 가능성이 있습니다.

아직은 초끈이론으로 우주의 모든 것을 설명할 수 있는 상태는 아니지만 일부 설명에 성공한 것이 있습니다. 바로 블랙홀입니다. 초끈이론을 이용해 블랙홀의 신비한 성질을 설명할 수 있는 겁니다.

블랙홀의 중심에는 특이점이라는 게 있는 것으로 여겨지고 있습니다. 특이점에서는 시공이 무한히 휘어있기 때문에 우리가 사용하는 물리법칙은 적용이 되지 않습니다. 물리학자들은 무한대가 나오면 두 손 들고 포기해 버립니다. 이런 특이점이 우주 공간 내에 노출되어 있으면 성가신 일이 생깁니다. 하지만 블랙홀의 특이점은 사건의 지평선event horizon이라는 것에 둘러싸여 있습니다. 사건의 지평선이라는 것은 블랙홀의 중력이 빛을 삼켜버릴 정도로 강해지는 경계를 말하는데, 이 경계보다 바깥쪽에 있으면 특이점은 보이지 않는데다 공간을 자유롭게 이동할 수 있습니다. 사건의 지평선 안에 특이점이 있는 한, 성가신 일은 일어나지 않는다는 가설을 우주검열가설이라고 합니다.

블랙홀이 계속 존재하면 문제가 없지만, 호킹 박사가 블랙홀은 증발할 것이라는 예언을 발표했습니다. 그렇다면 증발한 후에는 블랙홀의 특이점이 우주 공간으로 나오는 게 아니냐며 대소동이 일어났었죠. 이 문제에는 몇몇 수수께끼가 있습니다. 우선, 블랙홀의 열이 무엇인지 밝히지 못했던 것입니다.

열 문제에 대해서는 양자역학의 불확정성원리를 사용해 블랙홀의 열은 에너지를 빌리고 빌려주면서 발생하는 것이라고 설명할 수 있게 되었습니다.

블랙홀과 보통의 우주 공간을 구분하는 사건의 지평선과 아주 가까운 곳에서 에너지를 빌리면 입자와 반입자를 만들 수 있습니다. 생성된 입자와 반입자 가운데 반입자를 블랙홀에 버리면 입자만 존재하게 됩니다. 반입자를 블랙홀에 버리면 빌린 에너지를 갚는 형태가 되어 입자가 블랙홀 밖에서 존재할 수 있게 됩니다. 물을 끓이면 뜨거운 김이 피어오르며 열이 밖으로 달아납니다. 블랙홀 주변에 생성되어 있는 입자도 물의 뜨거운 김 같은 것이며, 블랙홀에서 나오는 열이라고 생각할 수 있는 것입니다.

이 이론을 바탕으로 블랙홀의 수명을 계산해 보면 아주 나이가 많다는 것을 알 수 있습니다. LHC에서 만드는 것 같은 아주 작은 블랙홀은 금방 증발해 버리지만 태양보다 수십 배나 무거운 일반적인 블랙홀의 경우에는 절대온도 100만 분의 1K라는 극저온입니다. 열을 방출해 증발할 때까지 10^{62}년. 1 다음에 0이 62개나 나열된 햇수가 걸리므로 실제로는 일어날 수 없는 일임을 알 수 있습니다.

다만, 블랙홀에 열이 있다는 것은 생각해 보면 이상한 일입니다. 열의 정체는 물질의 운동입니다. 한여름의 낮처럼 뜨거울 때는 우리 주변 공기의 분자가 활발히 움직입니다. 그 분자가 몸에 빈번하게 닿으며 열을 보내기 때문에 덥다고 느낍니다. 그리고 겨울 밤처럼 추울 때는 공기 중의 분자의 움직임이 느리기 때문에 분자가 몸에 닿는 횟수도 감소하고 닿아도 보낼 수 있는 에너지가 적거나 거꾸로 몸의 열을 빼앗기고 맙니다. 즉 물질이 자유롭게 움직일 수 없으면 열은 만들어지지 않습니다. 블랙홀 자체가 멈춰 있다고 한다면, 열을 담당하는 분자에 상당하는 자유도는 얼마일까요? 이것이 수수께끼였습니다. 블랙홀 안에서는 물질이 오로지 낙하만 하기 때문에 자유롭게 움직이지 못합니다. 그런데 열을 가지고 있다는 것은 이상하지 않느냐는 것이었습니다.

접혀 있는 6차원 공간

이 의문은 초끈이론을 적용하면 해결된다는 사실이 밝혀졌습니다. 초끈이론이 성립되면 3차원 공간 외에 6개의 차원이 더 있으므로 우리 눈에 보이는 3차원에서는 아무것도 없는 것처럼 보이는 특이점 부근에도 사실은 나머지 6차원의 방향에서 끈이 움직일 수 있습니다. 끈의 운동 패턴을 모두 알면 블랙홀이 열을 갖는다는 것을 설명할 수 있게 되는 것입니다. 우주의 물리학과 수학 연구소IPMU의 오구리 히로시大栗博司 박사와 당시 대학원생이었던 야마자키 마사히토山崎雅人 씨는 대단히 고도의 수학을 구사하여 최근까지 알려지지 않았던 운동 패턴을 하나하나 규명했습니다.

초끈이론을 이용해 블랙홀이 안고 있던 문제를 해결할 수 있다면, 이 이론은 문제 없이 우주 전체에 적용할 수 있을 것이라 생각할 수 있습니다. 하지만 우주 전체를 설명하기에는 아직 충분하지 않습니다.

우선, 6차원 공간의 정체를 규명하기 어렵다는 문제가 있습니다. 현재 생각해 볼 수 있는 것은 6차원 공간이 복잡하게 여러 번 접힌 칼라비-야우 다양체Calabi-Yau Manifold입니다. 우리가 머릿속에서 직관적으로 연상할 수 있는 것은 3차원 공간까지이므로 6차원 공간이 어떤 것인지 연상하기는 무척 어려운 일입니다. 게다가 접혀 있기까지 하니 무척이나 복잡합니다. 돌기가 있거나 구멍이 있거나 돌출되거나 움푹 패인 곳이 있는 등 한마디로는 표현하기 어려울 정도로 복잡한 공간임은 분명한 것 같습니다. 또한 구멍 안으로 자기력을 통과시키는 경우도 예측되는 등, 칼라

197

우주가 정말 하나뿐일까?

비-야우 다양체의 6차원 공간은 무척 많은 형태가 예측되고 있어서 수학자들이 연구해도 정확한 답을 얻지 못하고 있을 정도입니다.

그리고 6차원 공간에 어떤 가능성이 있는가를 조사하기 어렵다는 문제가 있습니다. 6차원 공간의 모습이나 성질은 방정식을 풀어 구합니다. 하지만 현재, 방정식을 풀었을 때의 해解, 즉 6차원 공간의 후보 수는 10^{500}개나 됩니다. 1 뒤로 0이 500개나 붙을 정도로 방대한 후보가 있다는 것은 우주가 어떤 모습을 하고 있는지를 초끈이론을 통해서는 예언할 수 없다는 말과 같습니다. 과학 이론이 맞는지 아닌지를 검증하기 위해서는 우선 물리적인 현상을 예언할 수 있어야 합니다. 이론으로부터 도출된 그 예언을 실험으로 확인할 수 있어야 그 이론은 맞다고 말할 수 있습니다. 하지만 후보가 셀 수 없을 정도로 많다면 예언이라 할 수 없고 실험을 통해서도 확인할 길이 없는 것입니다. 이런 의미에서도 초끈이론은 아직 미완성입니다. 하지만 오히려 해의 후보가 방대하다는 것을 역으로 이용해, 우주를 이해하려는 이론이 등장했습니다.

우주가 수없이 많다고?

초끈이론을 사용해 우주의 성질을 조사하다 보니 방대한 수의해解의 후보가 나왔습니다. 그러면 우주의 가능성도 방대한 수가 존재하게 됩니다. 하나하나의 해에 대응하는 우주가 모두 생성되었을지도 모릅니다. 우주가 문자 그대로 천문학적인 수만큼 존재할지도 모르는 것입니다. 하지만 그렇다면 우리가 살고 있는 우주를 이해할 방법은 없는 걸까요? 그래서 등장한 것이 인류원리라는 개념입니다. 무수한 해를 큰 산맥의 정상에 비유하여 랜드스케이프풍경 이론이라 부르기도 합니다.

이 우주의 물리법칙을 다른 각도로 보면, 인간이 출현하기 위한 조건이 갖추어지도록 되어 있습니다. 예를 들면 암흑물질이 존재하는 덕에 별과 은하가 탄생했고, 양자역학의 법칙이 존재하는 덕에 원자가 붕괴되지 않고 존재할 수 있으며, 우리의 신체도 온전히 존재할 수 있습니다.

또한, 우리가 사는 세계는 3차원 공간이 넓게 확산되었고, 그 이상의 차원은 아주 작아진 상태라고 여겨지고 있습니다. 공간이 3차원으로 퍼져 있는 덕에 태양계가 존재할 수 있습니다. 태양계는 8개의 행성을 비롯해 많은 천체가 태양의 주위를 돌고 있습니다. 만약 크고 넓게 퍼져 있는 공간이 4차원 이상이었다면 태양의 주위를 돌 때마다 조금씩 이탈하여 같은 곳을 돌 수 없게 됩니다. 한편, 가장 큰 공간이 2차원뿐이라면 DNA의 이중나선 구조를 만들 수 없습니다. 과연 생물이 존재할 수 있었을지 의심스러운 상황이죠.

입자의 질량도 마찬가지입니다. 예를 들면 위 쿼크와 아래 쿼크는 질량이 거의 다르지 않은데, 만약 위 쿼크up quark의 질량을 열 배로 늘린다면, 양성자가 중성자에 비해 10% 정도 무거워집니다. 10% 정도면 별일 없을 것 같지만, 사실은 아주 큰일이 일어납니다. 모든 양성자가 중성자로 파괴되어 수소는 물론 모든 원소를 만들 수 없게 됩니다. 이렇게 되면 당연히 인류도 탄생할 수 없습니다.

이런 것들을 하나하나 생각하다 보면, 이 우주는 너무나도 잘 만들어져 있습니다. 다양한 조건을 가진 우주가 무작위로 만들어졌다고 하기에는 너무 완벽하다는 생각에서 나온 개념이 바로 인류원리입니다. 인류원리에 따르면 인간이 존재할 수 있도록 우주의 조건이 갖춰진 것은 어떤 면에서 볼 때 당연한 것입니다. 우주를 관측하는 것은 인간입니다. 인간이 존재할 수 있는 조건이 충족되지 않으면 인간은 태어날 수 없습니다. 인간이 태어나지 않는다는 얘기는, 관측되지 않으므로 존재하지 않는다, 혹은 존재하지 않는 것이나 마찬가지인 것입니다. 인류원리는 많은 우주 가운데 극히 드물게 조건이 맞는 우주에 인간이 태어났고, 그런 특수한 우주만이 과학의 대상이 되며, 우리가 볼 수 있다는 이론입니다.

여기서 특히 중요한 것이 암흑에너지입니다. 이미 얘기했듯, 진공에너지가 암흑에너지의 후보인데 일반적으로 계산하면 자릿수가 120개나 되는 큰 답이 나오고 맙니다. 가령 그 계산이 맞는다면 우주가 태어나자마자 암흑에너지 때문에 우주의 팽창이 가속하기 시작해 우주가 찢기기 시작할 것이므로 별이나 은하가 태어날 수 없습니다. 애초에 인류가 태어날 수 없는 것입니다.

하지만 우주가 굉장히 많다면 그중의 아주 극히 일부는 진공에너지가 작을지도 모릅니다. 분명 우주가 10^{500}개나 탄생했다면 진공에너지가 기대되는 양인 10^{120}분의 1 이하가 된 우주도 있을 수 있습니다. 그리고 이 극소수의 우주만이 암흑에너지로 인해 분해되지 않고 충분히 크게 성장했고, 암흑물질이 모여 중력으로 원소를 끌어들여 별과 은하 그리고 인류가 탄생했다는 것입니다. 이처럼 진공에너지가 적은 우주에서만 인류가 태어날 수 있기 때문에 우리 우주에서는 진공에너지가 계산보다 훨씬 작은 건 당연한 게 됩니다.

이론물리학자들은 양자역학과 중력을 통일하는 이론이 완성되면, 그 단 하나의 해로서 이 우주가 이해될 거라 오랫동안 생각해 왔습니다. 하지만 최근의 초끈이론 견해로는 우주는 말하자면 시행착오라고 합니다. 왜인지는 아직 모르지만 우주는 '아무튼' 10^{500}개의 해에 대응해 10^{500}개가 생성됐을지도 모릅니다. 대

201

부분의 시도는 '실패'합니다. 즉 진공에너지가 너무 커서 바로 찢겨 인류는 태어날 수 없습니다. 진공에너지의 크기뿐만 아니라 팽창한 차원의 수, 다양한 소립자의 질량, 4대 힘의 강도, 다양한 물리량이 각각의 우주마다 달랐습니다. 우리는 '우연히' 잘 만들어진 우주에서만 태어난 것이라 할 수 있습니다.

이렇게 생각하면 초끈이론에서 무수하다고도 할 수 있는 해가 존재하는 것은 오히려 기쁜 일인지도 모릅니다.

한편, 우주가 '너무 완벽한' 것은 신과 같은 초월적인 존재가 우주를 만들었기 때문에 처음부터 잘 디자인된 것이라는 견해도 있습니다. 우주는 시행착오가 '우연히' 잘 된 경우일까요, 초월자가 상당히 잘 만든 피조물일까요?

애초에 이처럼 무수한 우주가 존재하는가 어떤가는 어떻게 확인할 수 있는 걸까요? 여기까지 오면 과학인가, 철학인가, 그 경계가 애매해집니다. 그래서 지금 뜨거운 논쟁이 되고 있는 것입니다.

그렇기는 하지만 물리학의 진보는 아주 재미있는 곳까지 와 있습니다. 우리 우주를 이해하고 싶다는 소박한 욕구로부터 또 다른 우주들이 많을지도 모른다는 개념이 나왔고 또, 인류는 어떻게 태어났는가, 진공이란 무엇인가, 우주가 '너무 완벽한' 것은 왜일까 등등 대단히 깊은 문제들이 많이 파생되었습니다. 이 책

우주가 정말 하나뿐일까?

에서 소개했듯이 최근의 우주 연구는 눈부시게 진전했지만 하나의 수수께끼가 풀리면 또 다른 어려운 수수께끼가 나타납니다. 앞으로도 도전 과제는 끝이 없는 것 같습니다.

우주를 연구하다 보면 많이 겸손해지는 것 같습니다. 우주 안에서 먼지처럼 작은 존재인 우리가 여기까지 우주를 이해할 수 있었던 것도 무척이나 신기한 일입니다. 그리고 앞으로도 틀림없이 놀라운 사실들이 밝혀질 것입니다.

Q&A

___

질문 여분의 차원을 찾는 연구는 공간에 초점이 맞춰져 있는 것 같습니다. 1차원 이상의 시간, 즉 여분의 차원의 시간은 연구 대상이 아닌가요?

무라야마 여분의 차원의 시간도 연구하고 있습니다. 다만, 시간은 1차원일 때는 앞과 뒤가 분명하기 때문에 시간의 방향이 정해져 있지만, 2차원이 되면 앞과 뒤를 알 수 없게 됩니다. 그러면 과거로 돌아가는 일이 발생합니다. 우리가 사는 우주에서는 과거로 돌아갈 수 없기 때문에, 과거로 돌아갈 수 있는 우주는 다양한 문제들이 발생합니다. 물론 시간이 2차원 이상일 가능성이 없다고 단정할 수는 없지만 시간의 차원을 늘리면 복잡한 문제가 생기기 때

우주가 정말 하나뿐일까?

문에 일단 시간은 1차원이라고 생각하자는 게 현재 물리학계의 입장입니다.

질문 여분의 차원의 공간에도 생물이 존재할까요?

무라야마 원리적으로는 있을 수 있다고 생각합니다. 지금 시점에서 확실히 말씀드릴 수 있는 것은 여분의 차원 공간에 생물이 있는 경우, 그 생물의 몸을 구성하는 재료나 물리법칙은 우리 몸의 재료, 즉 원자와는 거의 반응하지 않는다는 정도입니다. 이 이상은 여분의 차원이 발견되지 않으면 알 수 없습니다.

질문 순환 우주론이 여분의 차원 이야기와 관계가 있나요?

무라야마 물론 관계가 있습니다. 순환 우주론은 3차원 공간의 막이 여분의 차원 내부를 이동해 가는 것입니다. 예를 들어, 3차원 공간에 막이 두 개 있다고 합시다. 이 두 개의 막이 점점 가까워지다가 어느 순간 부딪혀 서로 튕겨나갑니다. 과학자들은 이 충돌 순간을 빅뱅의 순간이라 생각합니다. 막이 충돌했을 때는 막 자체가 뜨거워지면서 우주는 불덩어리 상태로 시작되었습니다. 그리고 두 개의 막이 멀어지면서 점점 식어갑니다. 어느 정도 멀어지면 다시 가까워지고, 다시 막끼리 충돌을 일으킵니다. 우주가 이런 순환을 되풀이한다는 것이 순환 우주론입니다. 실제 관측 자료와 비교해 보면 그다지 믿음이 가는 이론도 아니고 요즘은 그다지 환영받지도 못하지만, 연구는 진지하게 이루어지고 있는 것 같습니다.

마치며

이 책에서는 지구에서 시작해 국제 우주정거장, 달, 태양, 이토카와 소행성, 이웃 별, 우리 은하로 진출해서 암흑물질이라는 수수께끼와 만났습니다. 더 먼 은하를 통해 더 먼 우주의 옛날 모습들을 볼 수 있고 빅뱅에 도달합니다. 우주 초기의 미시적인 요동으로부터 현재 망원경으로 관측할 수 있는 별, 은하, 대규모 구조가 탄생했다는 이야기를 했습니다.

한편, 우주의 팽창이 최근약 70억 년 전 가속하기 시작했음을 알게 되었고, 암흑에너지가 발견되었습니다. 그 결과, 우주의 미래는 암흑에너지가 쥐고 있다고 생각하게 된 것입니다. 하지만 이 우주의 역사와 운명을 지배하는 암흑물질과 암흑에너지는 둘 다 정체를 알 수 없습니다. 현대 과학 최대의 수수께끼라 할 수 있겠죠.

이때 등장한 것이 다원 우주입니다. 암흑물질은 사실 여분의 차원에서 왔다는 설이 진지하게 논의되고 있습니다. 눈에 보이는 우주는 3차원 공간이지만 사실은 너무 작아 눈에 보이지 않는 여분의 차원이 어쩌면 여섯 개나 존재하며, 암흑물질은 여분의 차원에서 운동하기 때문에 에너지를 가지며, 그것이 우리 눈에는 멈춰 있으면서 에너지를 갖는, 즉 질량이라고 생각하는 것입니다. 바로 $E=mc^2$입니다.

한편, 암흑에너지는 지금은 중요시되고 있지만, 우주의 역사를 통해 거의 무시할 수 있는 존재였습니다. 만약 이것이 미시 세계의 '진공에너지'라고 한다면 기대되는 양보다 자릿수가 120개나 적습니다. 그래서 다원 우주가 등장했습니다. 우주는 시행착오로 10^{500}개나 만들어졌지만 대부분의 우주는 암흑에너지가 너무 많아 찢기는 바람에 별이나 은하가 생성되지 못했습니다. '우연히' 암흑에너지가 말도 안 되게 작았던 우주에서만 별과 은하가 만들어졌고, 지적 생명체가 탄생했으며, 그런 우주가 관측되는 것입니다.

마치 SF 같은 이런 생각은 거대한 수수께끼에 직면한 과학자들의 어쩔 수 없는 말 맞추기일까요, 아니면 암흑세계가 열어 준 새로운 우주상을 향한 창일까요? 여러분은 어떻게 생각하나요?

우주가 정말 하나뿐일까?

해답은 향후의 실험, 관측을 통해 얻을 수밖에 없습니다.

이러한 수수께끼를 대하는 과학자들의 마음은 밤하늘을 바라보며 감동하는 어린아이와 똑같습니다. 학교는 '아직 밝혀지지 않은 것'에 대해서는 가르쳐주지 않지만, 이 책을 읽고 이렇게 거대한 수수께끼가 있다는 것을 알게 된 여러분 가운데 '좋아, 나도 다음에 이 수수께끼들을 풀 테야'라고 생각하는 독자가 나온다면 무척 기쁠 것 같습니다.

거대한 수수께끼를 풀려면 끈기가 필요합니다. 하지만 음악을 좋아하는 사람이 몇 시간이나 연습을 하듯, 호기심과 즐거운 마음으로 하는 일은 열심히 할 수 있습니다. 그리고 뮤지션은 많은 팬들의 응원에 더욱 힘이 납니다. 과학자도 많은 응원단의 지지를 받고 있다고 믿고 있습니다. 연주가가 될 건지, 팬이 될 건지, 어느 쪽이 됐든 이 책이 한 명이라도 많은 이의 마음을 설레게 하면 좋겠습니다.

마지막으로 이 책이 나오기까지 물심양면 애써주신 모든 분들께 감사의 말씀 드립니다.

2011년 6월

무라야마 히토시

마치며

찾아보기

우주가 정말 하나뿐일까?

우주가 정말 하나뿐일까?

무라야마 히토시(村山斉)는 2002년에 일본에서 40세 미만의 신진 이론물리학자들에게 주어지는 니시노미야 유카와 기념상을 수상한 소립자 이론의 선두주자이며 기초과학분야의 젊은 리더 중 한 명이다. 일반 독자들도 쉽게 이해할 수 있는 과학서 집필로 대중들에게도 잘 알려진 인기 작가이기도 하다. 일본 도쿄대학교에서 소립자물리학을 전공한 후 동 대학원 물리학 박사 학위를 받았다. 도호쿠대학교 대학원 이학연구과 물리학과 조수, 로렌스 버클리 국립연구소 연구원, 캘리포니아대학교 버클리캠퍼스 물리학과 조교수, 준교수를 거쳐 현재 같은 대학 물리학과 맥애덤스(MacAdams) 석좌교수다. 또한 도쿄대학교 국제고등연구소 우주의 물리학과 수학 연구소(Kavli IPMU) 초대 소장을 역임했고 현재 특임 교수다.

대우휴먼사이언스 009

우주가 정말 하나뿐일까?
최신 우주론 입문

1판 1쇄 찍음 | 2016년 5월 3일
1판 1쇄 펴냄 | 2016년 5월 10일

지은이 | 무라야마 히토시
옮긴이 | 김소연
감수 | 박성찬
펴낸이 | 김정호
펴낸곳 | 아카넷

출판등록 | 2000년 1월 24일(제406-2000-000012호)
주소 | 413-210 경기도 파주시 회동길 445-3
전화 | 031-955-9511(편집)·031-955-9514(주문)   팩시밀리 | 031-955-9519
www.acanet.co.kr | www.phildam.net

ⓒ 아카넷, 2016

Printed in Seoul, Korea.

ISBN 978-89-5733-495-9 94400
ISBN 978-89-5733-452-2 (세트)

이 도서의 국립중앙도서관 출판예정도서목록(CIP)은 서지정보유통지원시스템 홈페이지(http://seoji.nl.go.kr)와 국가자료공동목록시스템(http://www.nl.go.kr/kolisnet)에서 이용하실 수 있습니다.(CIP제어번호:CIP2016009591)

이 제작물은 아모레퍼시픽의 아리따글꼴을 사용하여 디자인 되었습니다.